U0203320

科学探索丛书 KEXUE TANSUO CONGSHU

UFO未解之谜

UFO WEI JIE ZHI MI

陈敦和　主编

上海科学技术文献出版社
Shanghai Scientific and Technological Literature Press

图书在版编目(CIP)数据

UFO 未解之谜/陈敦和主编. —上海:上海科学技术文献出版社,2019

(科学探索丛书)

ISBN 978 - 7 - 5439 - 7909 - 3

Ⅰ.①U… Ⅱ.①陈… Ⅲ.①飞盘—普及读物 Ⅳ.①V11 - 49

中国版本图书馆 CIP 数据核字(2019)第 081172 号

组稿编辑:张　树
责任编辑:王　珺

UFO 未解之谜

陈敦和　主编

*

上海科学技术文献出版社出版发行

(上海市长乐路 746 号　邮政编码 200040)

全 国 新 华 书 店 经 销

四川省南方印务有限公司印刷

*

开本 700×1000　　1/16　　印张 10　　字数 200 000

2019 年 8 月第 1 版　　　2021 年 6 月第 2 次印刷

ISBN 978 - 7 - 5439 - 7909 - 3

定价:39.80 元

http://www.sstlp.com

　　生活在小小地球上的人类也许并不是浩瀚宇宙中仅有的高智慧生命。地球载着人类在茫茫的宇宙空间里做着不知目的地的漫长旅行，如果这广袤的星空里没有其他生命，人类在这漫长的旅程里岂不是太过孤单？

　　人类的好奇心是无穷无尽的，有时甚至超过浩瀚无垠的宇宙。外星人真的存在吗？这是近50年来最具诱惑力的问题之一。

　　随着宇宙科学的发展，人们愈来愈关切在茫茫的大宇宙中，除了地球人之外，究竟有没有"外星人"，或者说是否存在地球之外的智慧生命？如果说"有"，他（她）们究竟是什么模样？生活在宇宙的何方？地球人应怎样寻找他们呢？

　　人类的历史在宇宙的演化中只是短短的一瞬，现代科学所达到的科技水平只是停留在人类认识宇宙的起步阶段。广袤的宇宙中更为广泛、更为深奥的运动规律尚未被人类所揭示。而且，从另外的角度考虑，既然太阳系这个年轻的天体系统都能够产生高级智慧生命，那么我们有什么理由去怀疑宇宙中的某些行星不会产生生命呢？　本书选用最新科学观点，为读者朋友们精心编写一本有关外星人与不明飞行物方面的探索书籍，使广大读者朋友能够在阅读本书的同时，感受另类世界的奥妙与神秘。

目录
Contents

第一章 人类历史上关于UFO的记录　　　1

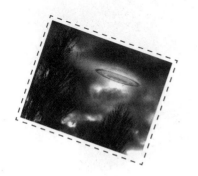

第二章 UFO的形状和动力猜想　　　29

第三章 | UFO制造的袭击案   77

第四章 | 世界各地的UFO事件　　105

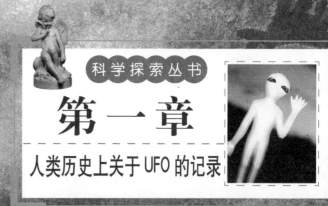

科学探索丛书

第一章

人类历史上关于 UFO 的记录

　　飞碟或许早就光顾过我们古老的九州大陆。由于我们祖先对天文的认识有限，也由于当时的科学技术不够发达，因此无法解释天空中出现的这些怪异现象。

UFO在中国

🌐 引　言

　　飞碟或许早就光顾过我们古老的九州大陆。由于我们祖先对天文的认识有限，也由于当时的科学技术不够发达，因此无法解释天空中出现的这些怪异现象。

　　翻开浩瀚的中国古书，你便会发现其中有许多关于UFO的记录。任何一位坚决否定飞碟存在的人，面对着这些历史上的记录，只有瞠目结舌的份，因为事实已证明：飞碟早就来过地球！

　　中国古代天文史料是全世界最多的，而天文成就也是全世界最高的，古人对天上的日、月、星现象相当了解。因此本文列举的全是以"无法用当代天文科学认知来判断"的内容，绝非牵强附会。这是首先要交待的重要观念。

　　《古今图书集成卷十九日异部》：公元前1914年"夏帝八年，十日并出"，《竹书纪年》也同样记载"八年，天有妖孽，十日并出"。

　　1621年，《明通鉴》"明熹宗

天启元年二月廿二日，辽阳有数日并出，又日交晕，左右有珥，白虹弥天"。天上出现数个太阳，更妙的是"左右有珥"，明白指出这个发光体的形状就像当今大家熟悉的圆盘状中间突出的UFO。

　　《资治通鉴》中"西晋愍帝建兴二年（公元314年）正月辛未，有叁日相承，出西方而东行"，此事件在《晋书愍帝本纪》中也有"正月辛未辰时，日陨于地，又有叁日相承，出于西方而东行"的记载，《古今图书集成》也有"正月，日陨地，又叁日并出"。公元317年，"西晋愍帝建兴五年正月庚子，叁日并照，虹蜺弥天，日有重晕，左右两耳。"《晋书

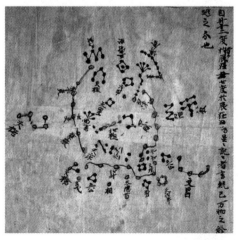

本纪》也记有"五年正月庚子，叁日并出"。公元357年，《古今图书集成卷廿五》"晋穆帝升平元年六月，秦地见叁日并出"，注意这个记载，只写秦地，可见这三个"太阳"高度不高，只出现在局部地区。

《天文占》曰："叁四五六日俱出并争，天下兵作。"《天文志》也说："叁四五六日俱出并争，天下兵作亦如其故。"可见这是不常见的现象。

公元前1590年，《古今图书集成日异部》"商帝辛四八年，二日并出"。

公元809年，《古今图书集成卷廿二日异部》"唐宪宗元和四年闰叁月，日旁有物如日"。

公元960年，《续通鉴》"宋太祖建隆元年正月癸卯，匡胤军中知星者河中苗训，见日下复有一日，黑光摩荡"。

公元1125年，《续通鉴》"宋

徽宗宣和七年十二月庚申，日有五色晕，挟赤黄珥，又有重日相荡摩，久之乃隐"。《古今图书集成卷廿二》也说"七年十二月辛酉，日有五色晕，两日荡摩"。

公元1356年，《续通鉴》"元顺帝至正十六年叁月，有两日相荡"，此事件又被详细记在《乐郊私语》上："元顺帝至正十六年叁月，日晡时，天忽昏黄，若有霾雾，市中喧言天有二日……果见两日交而复开，开而后合。"

公元1594年，《四川通志》记有："万历廿二年春正月，綦江见日下复有一日，相荡数日乃止。"

公元139年，《资治通鉴》"西汉武帝建元二年夏四月，有星如日，夜出"，《汉书武帝本纪》也有"四月戊申，有日夜出"，此事件在《丹铅总录》中特地研究："汉书建元二年

有如日夜出……日不夜出，夜出非日也。"可见古人也都知道晚上出现在天空的一定不是太阳。《资治通鉴》又记有低空的不明光体，公元318年，"东晋元帝太兴元年十一月乙卯，日夜出高叁丈"，《晋书天文志》也有"日夜出高叁丈，中有青赤珥"。

公元168年，《后汉书五行志》"后汉灵帝建宁元年，日数出东方，正赤如血无光，高二丈馀，乃有景（影），且入西方，去地二丈亦如之"。这个红色无光物体，高度更低了，才记载它有影子。

公元520年，《建康志》"梁武帝普通元年九月乙亥，夜有日见东方，光烂如火"。

公元1651年，《海盐县志》记有"清顺治十年闰六月廿四日，夜叁更，红日出东北方，大如斛。夜半月始升，灭不见"。

公元322年，《晋书天文志》"西晋元帝永昌元年十月四日，日出山六七丈，精光暂昧，而色都赤，中有

异物，大如鸡子，又有青黑之气共相博击"。

公元1231年，《古今图书集成卷廿叁》"宋理宗绍定四年，金哀宗正大八年，叁月，日失色，有气如日，相凌"。此事在《金天文志》也有："叁月庚戌酉正，日忽白而失色，乍明乍暗，左右有气似日而无光，与日相凌，而日光四出，摇荡至没。"

公元1566年，《古今图书集成卷廿叁》"明世宗嘉靖四五年，日斗"，在《湖广通志》中也有："明世宗嘉靖四五年八月，华容县西，忽天开日斗。"

《古今图书集成廿五卷》和《唐书天文志》均记有公元630年左右，"唐太宗贞观年间，突厥有叁月并见。"

公元前32年，《资治通鉴》记有

"西汉成帝建始元年八月，有两月相承，晨见东方"，《古今图书集成卷廿五》《汉书五行志》："成帝建始元年秋八月，有两月重见。"

公元548年，《古今图书集成廿五卷月异部》："梁武帝太清二年五月，两月见。"

公元1449年，《明通鉴》"明英宗正统十四年八月辛未日，月昼见，与日并明"，这个月亮和太阳一般的明亮，应该是发光体了。

公元1572年，《古今图书集成卷廿六月异》"明穆宗隆庆六年月昼见"。《湖广通志》也记有此事，但更详细："隆庆六年五月，通山月光昼见，月下有二星随之。"

公元157年，《古今图书集成廿五卷月异部》《天文志》记有"东汉桓帝永寿叁年十二月壬戌，月蚀，非其月"，另一次发生在公元165年，《廿五史天文志》及《古今图书集成廿五卷月异部》均记有"东汉桓帝延熹八年正月辛巳，月蚀，非其月"，古

人早已明指"非其月"，可见不是月亮。

公元1116年，《新刊大宋宣和遗事》记有"宋徽宗政和六年十一月，有星如月，徐徐南行，而落光照人物，与月无异"。次年《续通鉴》又记有"十二月甲寅朔，有星如月"。

公元1350年，《续通鉴》"元顺帝至正十年六月壬子廿九日，有星大如月，入北斗，震声若雷，叁日复还"。可以看出这些"如月"的星不会是自然的星。

公元1166年，《夷坚志甲卷十九》"宋孝宗干道二年，赵清宪赐第在京师府司巷……以暑月不寐，启户纳凉，见月满中庭如昼，方叹曰：'大好月色。'俄廷下渐暗，月痕稍稍缩小，斯须光灭，仰视星斗粲然，而是夕乃晦日，竟不晓为何物光也"。此段描述在晦日（月底）时应该是没有月亮的，却看到月光如昼，可见应是不明物体。

唐朝人段成式所撰的《酉阳杂

俎》卷一第三八则记有大约发生在公元823年前后的UFO事件，指唐穆宗"长庆中，八月十五夜，有人玩月，见林中光属天，如疋布，其人寻视之，见一金背虾蟆，疑是月中者，工部员外郎张周封尝说此事，忘人姓名"。此事在《学津》、《津逮》、《稗海》各书中也都记载，工部员外郎这位政府高官都在说，可见是一件确实的事。文中重点是用"金背虾蟆"来形容此物的形状，的确和飞碟一样，而且放出的光芒能照天，应是一个发强光的UFO。

唐朝的《洞天集》也另有一则。公元880年，"唐僖宗广明一年，严遵仙槎，唐置之于麟德殿，长五十余尺，声如铜铁，坚而不蠹。李德裕截细枝尺余，刻为道像，往往飞去复来，广明以来失之，槎亦飞去。"严遵名君平，汉时成都人，是一位有名的算命先生。"槎"就是船的意思，指当时有一个长五十余尺的"仙船"，很坚硬，发出机械式的声音，常常飞来飞去，后来就飞走了。

公元1070年，宋神宗熙宁四年11月3日，著名诗人苏东坡被调离京师，任命为杭州通判，在上任途中，来到江苏镇江畅游金山寺，当晚老僧请苏东坡留宿，以便次日观日出奇景，晚上就在江边吟诗，没想到看到了异象，苏东坡便将当时情形写成诗，题为《游金山寺》："……是时江月初生魄，二更月落天深黑，江心似有炬火明，飞焰照山栖鸟惊，怅然归卧心莫识，非鬼非人竟何物……"

宋朝人庞元英所撰的《文昌杂录》记有宋神宗元丰年间（1078至1085年间）秘书少监孙莘老的遇见UFO事件，"庄居在高邮新开湖边，一夕阴晦，庄客报湖中珠见，与数人同行小草径中，至水际，见微有光彩，俄而明如月，阴雾中人面相睹。忽见蚌蛤如芦席大，一壳浮水上，一壳如帆状，其疾如风。舟子飞小艇竞逐之，终不可及，既远乃没。"

宋朝人洪迈所撰的《夷坚志》壬卷第叁有一篇"夜见光景"，描写1195年左右，宋宁宗庆元初年间，"临川刘彦立兄弟二人，一夕，屋后松树上圆光如日，高去地二丈馀，即

之则晦……一个日头忽起，从前山高出3丈，所照草木皆可辨，只比色间色赤耳……如日夜出，色炎如火，附于地，犬吠逐之，光际地避隐。"明朝国师刘伯温在1360年前后的一个七月十五夜，曾见过UFO，写了一首《月蚀诗》来纪念："……招摇指坤月望日，大月如盘海中出，不知妖怪从何来，惝恍初惊天眼眹，儿童走报开户看，城角咿鸣声未卒……"这是一个从海中飞出来的形状如盘的"大月"，完全符合飞碟现象。

1880年，清光绪六年五月八日，湖北省《松滋县志》记有"西岩咀覃某，田家子也。晨起，信步往屋后山林，见丛薄间有一物，光彩异常，五色鲜艳，即往扑之，忽觉身自飘举，若在云端，耳旁飒飒有声，精神懵昧，身体不能自由，忽然自高坠下，乃一峻岭也。覃某如梦初醒，惊骇非常，移时来一樵者，询之，答曰：'余湖北松滋人也'，樵者咋曰：'子胡为乎来哉？此贵州境地，去尔处千馀里矣。'指其途径下山，覃丐而归，抵家已逾十八日矣。究不知所为何物吁，异哉。"

另外，1892年（清光绪十八年）清代画家吴友如的画作《赤焰腾空》，就被人们认为是一篇详细生动的UFO目击报告。《赤焰腾空》的画面上绘有许多身着长袍马褂的市民聚集在南京朱雀桥头，仰望空中一团火球。吴友如在画面上方落款写道：

"九月二十八日，晚间八点钟时，金陵（今南京市）城南，偶忽见火毯（即球）一团，自西向东，型如巨卵，色红而无光，飘荡半空，其行甚缓。维时浮云蔽空，天色昏暗。举头仰视，甚觉分明，立朱雀桥上，翘首踮足者不下数百人。约一炊许渐远渐减。有谓流星过境者，然星之驰也，瞬息即杳。此球自近而远，自有而无，甚属濡滞，则非星驰可知。有谓儿童放天灯者，是夜风暴向北吹，此球转向东去，则非天灯又可知。众口纷纷，穷于推测。有一叟云，是物初起时微觉有声，非静听不觉也，系由南门外腾越而来者。嘻，异矣！"火球掠过南京城的具体时间、地点，目击人数，火球大小、颜色、发光强度、飞行速度等，吴友如在题记中都做了记载。《赤焰腾空》也被认为是中国最早关于UFO的图画之一，成为今人研究UFO的一则珍贵历史资料。

远古UFO的遗迹

引　言

　　不可思议的现象很多，人类在不可思议中知道了越来越多的远古遗留问题，可是真正认识它们却还要假以时日。

　　一些飞碟专家认为，只要我们回忆一下各个时代和不同民族的神话，便不难发现，很久很久以前，天外来客就已在地球上留下古老而神秘的遗迹。许多地方的民族世世代代信奉和传颂着那些来自遥远星球上的"上帝"。在许多古老的和近代的绘画艺

术中，都有对飞行器及其乘员的真切表现。这些难道是脱离现实的幻想作品吗？其对现象的反映已被许多现代科学所证实。很难强迫人们相信，基督教以前的人怎能臆想和杜撰出这些跨越诸多个世纪的高科技产物来。

　　印度的梵文研究者在古代手稿中发现对宇宙飞行、火箭发射、航天发射场和核战争的描述。这些手稿用相当精确的技术术语描述出空气动力学外形、飞行时代、火箭升空的细节，甚至细致到火箭推进剂。

　　居住在马里的当地的一些非洲部族世世代代崇拜一颗被他们称作"波托罗"的看不见的神秘星球。当地的一些巫医认证，他们的"上帝"叫"诺莫"，他来自天上，在他返回自己的星球之前向巫医们详细讲述了关于他的祖籍星球——天狼星(大犬座A星)的情况。这些"上帝"的崇拜者们在举行自己的宗教仪式时，还准确地重述了天狼星系统复杂的运行轨道。此外，他们还知道天狼星B卫星的公转周期是50年，还知道一颗较小的伴星质量比主星质量更大。在他们的绘画中出现了天狼星A，它的位置不在该

系统的中心，而是处在椭圆轨道的焦点。可见，这些深奥的天文知识不应是一个愚昧落后的民族所应掌握的。大概是远古时代的宇航员所传授的，否则他们是不可能讲解得如此准确而详尽。要知道，拥有密度达到极限值的一颗"白矮星"的大犬座中的天狼星B，是1861年借助光学望远镜被天文学家们发现的，一般的人用肉眼是不可能看到它的。

1900年，潜水员在一个海湾外的水底发现一艘沉船，它大概是在基督教产生以前沉没的。潜水员在这艘沉船上发现一个古代"电脑"。原来，它是一个星钟，凭借它能精确地计算出恒星、行星、太阳和月球的方位。数学家和物理学家索拉·普拉斯博士在对这个古代"电脑"研究后写道："这一重大的考古新发现犹如你们在图坦卡蒙的陵墓中发现柴油飞机一样令世人鼓舞和震惊。"

1927年，不列颠考古学家弗雷德里克·米切尔在古代玛雅人的都城伯利兹发现一个用水晶雕制的人头骨，它以精雕细琢的精湛工艺和栩栩如生的颌骨和眼窝，真正使科学家们大为惊愕。如此精细的加工技术只有最新型的现代化磨床机械才能达到，因为水晶矿是一种很脆且极难加工的矿物。然而，这个水晶人头至少有一千多年的历史，还可能更久远些。钻石雕刻家在对其分析和研究后，无可争议地排除了用手工加工的可能性，并认为，对这一水晶人头骨的磨削加工至少要花费几百万个小时。但也有人认为水晶头骨不过是机械磨制出来的。

古生物学家达格尔博士在美国德克萨斯州一个古老而干涸的河床上发现几个1.4亿年前的脚印，这些脚印长0.5米，这说明这些脚印是一个身材高大的生物种留下的。而且，这些大脚印的旁边还留下几个恐龙的足迹。按照现代进化论的观点，我们知道，恐龙时代的猿猴还尚未进化成人，这留下脚印的能是什么生物呢？小小寰球，谜事迭生！目前对于这一现象，古生物学家尚未找到更好的解释。然而，这一切还远不是地外文明积极参与地球人类发展的最后佐证。

古币上的"UFO"

引言

三百多年前的古币，为什么出现飞碟的图案？是人们想象力的构造，还是对真实飞行物的描述，你能回答吗？

几个世纪以来，钱币专家一直试图揭开一枚17世纪法国古币上神秘的不明飞行物（UFO）图案的谜底。但一位权威的钱币专家日前表示，这枚铜币图案的奥秘仍然无人解开。

虽然经过半个世纪的研究，尽管钱币组织一直想解开这个谜，可是，这枚钱币上的图案似乎有意在与研究人员捉迷藏。这枚神奇硬币的拥有者、美国科罗拉多州科罗拉多泉的肯尼思·E·布莱斯特表示："这枚钱币历史悠久，是17世纪80年代在法国铸造的。其中一面的图案看上去很像一个盘旋在田野上空云朵里的飞碟。"

布莱斯特曾任拥有3.2万名成员的美国钱币联合会主席，他认为，这个神秘的铜板其实并不是真正的钱币，而是一种"代用币"，它和当时的硬币很像，却是一种教具，通常被用来

教人们如何数钱，或有时用来代替游戏比赛的筹码。它和25美分的硬币差不多大小。

在16和17世纪期间，欧洲常常铸造并使用这类代用币。布莱斯特解释说："这枚特殊钱币的图案被认为要么是一种不明飞行物，要么是伊西基尔转轮，除此以外，没有其他看法。一些人认为《旧约》中提到的伊西基尔转轮，可能就是古人对不明飞行物的描述。"

布莱斯特表示，在古币上用拉丁文写的一圈文字也让人迷惑不解。专家把"OPPORTUNUSADEST"翻译成"时机到了，它会出现"，飞在天上的这个物体是求雨的象征？还是《圣经》提到的那个轮子，或是外太空的访客？我们也许永远找不出真正的答案。他指出："正是由于有了这些让人迷惑不解的疑问，收藏古币才会变得如此有趣。"

《圣经》与UFO

引 言

　　《圣经》是影响人类思想和文化的第一书。我们人类的科学家们在《圣经》中发现了UFO现象，可谓是煞费苦心的结果。

　　在研究UFO的人士中，有一派人被称为"圣经飞碟学派"。这是一个神秘的学派，这个学派人士认为，大约在2500年前，居住在另一个星球的一批外星科学家已掌握了生命的奥秘——遗传基因DNA，他们能够随心所欲地创造生命。在一次激动人心的会议上，他们讨论是否要"按照他们的形象"来创造高等生物。主持会议的是圣经上所说的"天父"。与会的外星科学家大多赞成进行这项科学实验。但有一批科学家却认为创造高智能生物恐怕会危及自身安全，因而反对这项实验。这些反对者就是圣经上所说的"恶魔撒旦"。进行创造生命的外星科学家就是上帝。后来经过无数次的讨论，决定这项实验必须在其他星球进行才可以。

　　于是，这批外星科学家乘坐飞碟找到了地球。当时地球表面覆盖了一层浓厚的雾和水气，他们立即进行地壳大改造，利用高超的科学技术，将海底的地壳集中，形成大陆。接着他们又在地球上进行生命创造，采取地球上常见的元素，以纯粹科学方法完成遗传基因，创造出各种不同种类的生命。

这些外星科学家为了不让地球人忘却他们的存在，以及防止由他们创造地球生物的遗迹逐渐消失，就时常坐着飞碟到达地球。当时的原始人看到了来自天空的高科技生物，自然地脱口叫道：啊！这是"ELOHIM！"EIOHIM一语为古希伯来语，原意是"从天空飞来的人"，后来的人把它误译为"耶和华"，也就是"神"。

当时智慧的以色列人，由于进步最快，又拥有科学知识，建造了一个大火箭，就是所谓的"巴别塔"。外星人感到威胁，于是"我们下去，在那里变乱他们的口音，使他们言语彼此不通"，终于造成现在世界各国的不同语言。

"圣经飞碟学"将一部《圣经》用外星科学理论加以解释，显得别具一格，但究竟能取信多少人，无从知道。

摩西的约柜是充了电的

"圣经飞碟学派"以对《摩西五经》的质疑来证实人其实就是"神"的儿子。《摩西五经》第2卷第10节和第25节记载了摩西报道"上帝"为制作约柜而下达的详细指示。给定的标准精确到毫米，抬竿和金环该怎样安装，金属部分该由哪些合金组成等，都有规定。指示旨在将制作过程具体

化，做出"上帝"希望有的约柜；他多次提醒摩西别出差错，"要注意，你要不折不扣地按照图样制作每一个部分，你会在山上看到这些图样的……"（《摩西五经》第2卷第25节和第40节）

摩西也说，"上帝"会亲自跟他说话，而且从约柜的顶盖跟他说话。上帝再三告诫摩西，任何人不准走近约柜。上帝为搬运约柜详细规定了搬运者要穿的衣服以及适当的鞋具等。尽管考虑非常周到，后来还是出了事故。《摩西五经》第2卷的《撒母耳记》中记叙道：大卫让人搬运约柜，乌撒过来走在一旁。从边上经过的牛群见到约柜，向它冲去要撞倒约柜，此时，乌撒用手扶住约柜，他像是给闪电击中一样当场倒下死去。

毫无疑问，约柜是充电的！倘若今天真的有人按照摩西传下的指示加以复原，那就是一只充电达几百伏特的电容器。这一只电容器由金板构成，其中一块金板充有正电荷，另一块充有负电荷。如果约柜顶盖上的一对守护天使还有一个磁体的作用，那就是极好的扬声器——也许是摩西和宇宙飞船通话用的一种对话机。

人们可以在《圣经》里查阅约柜构造的细节，其详细的程度可以说是完美无缺。我们不用前思后想，总还记得约柜的周围常常是电花四溅，总还记得摩西使用这台"发射机"——什么时候他都需要指点和帮助。

摩西听到主的声音，但是他从未见过主一面。有一次，他请求主亮相，他的"上帝"回答："你不可以看见我的面容，因为见到我的人没有活了的。"主又说："你看！那儿是苍穹，我就在它边上，你走到山崖上去。就在我的壮丽景色消失时，我会将你安放到山崖的深渊里去，我再伸展开我的手，挡在你的上面保护你，一直到我过去为止。然后，我举起我的手，你这才可以从我后面看着我。可谁也不能看到我的面容！"。（《摩西五经》第2卷第20节和第33节）

事情拥有的相似性真是令人惊讶。《吉尔伽美什史诗》源自苏美尔人，它的诞生比《圣经》早得多。令人惊讶的是，《吉尔伽美什史诗》中也有极相似的句子："非永生者不上

诸神圣山；见诸神面容者必亡。"

流传下来的各种古代书籍有十分相似的描述，诸神为何不愿意面对面地让人见到他们呢？他们为何不肯卸掉自己的面具呢？他们害怕什么呢？

诺亚是谁的儿子？

在《拉麦文卷》里有一段离奇的故事。保存的文卷只是断片残简，所以整篇文字缺句少段。然而留下的部分用来描叙这个故事还是够完整的。

这一篇文献资料说的是，有一天诺亚的父亲拉麦久别返乡，见到家里有了一名男孩，看他的外表没有一点儿像家里的人，这使他感到意外。拉麦严厉责备他的妻子巴特·爱诺施，声称这孩子不是他的。这时巴特·爱诺施以万分敬重的心情对他发誓，精子是他拉麦的——既不是什么士兵的，也不是什么外人的，更不是哪一个"上天之子"的（这些文字引出一

个问题：巴特·爱诺施说的究竟是怎样一种类型的"上天之子"？不管怎么说，这个家庭悲剧发生在大洪水之前）。

拉麦怎么也不相信他妻子的保证，内心深处不得平静，动身找他父亲马士撒拉商量。他到了那里，便诉说使他感到如此忧伤的家庭之事。马士撒拉静心听取诉说，经过考虑就动身去找贤明的以诺征求意见。家里出现一份意外的礼物，搞得大家心神不定，所以年迈的主人不辞劳苦出了一次远门：小男孩的来历一定要弄个水落石出。马士撒拉说了起来，说他那儿子的家里冒出一个男孩，他的外表看起来与其说像是人，不如说像是上天之子：眼睛、头发、皮肤以及全部气质都与家人不一样。

聪敏的以诺听过陈述，送年迈的马士撒拉上路回家，同时告诉他令人极为不安的消息，说将会有一个大刑事法庭来审判地球和人类，说是要消灭全部"肉体"，因为它肮脏、腐败。至于那个受到家庭怀疑的陌生男孩儿，他已经被指定为世界大审判幸存者后代的祖先。因此，马士撒拉应该责成他的儿子拉麦替这个孩子洗礼，取名诺亚。马士撒拉回家告诉他的儿子拉麦，他们全家面临了什么事情。拉麦还有什么可说的呢？只有承认这个与众不同的孩子是他亲生的儿子，然后替他取名诺亚。

这个家庭故事真是稀奇古怪。情

况表明，诺亚的父母已经获悉那预料之中的大洪水；祖父马士撒拉甚至还同意以诺的安排，对可怕的事件做好准备；而以诺呢，按照史料记载，事后不久就乘坐闪闪发光的天车永远离去了。

人种是不是宇宙生物有意识进行"培育"的对象？现在提出这个问题难道就显得不严肃吗？这样看来，大洪水成了登上地球的不知名智能生物事先计划好的一项工程，目的是消灭人种，只留下少数高贵者作为例外。可是，如果那次在历史上前前后后得到证实的洪水是完全有意识地在事先做了计划而后着手实施的——而且在诺亚受命建造诺亚方舟之前几百年，那么，它就不能再被认为是上帝的裁决了。

今天，认为有可能抚育一种智商高的人种不再是那样荒谬的命题了。蒂亚纳科的传说和太阳门顶部的铭文谈到了宇宙飞船，它载送原始母亲前来地球生儿育女，古老的圣经贤传也一样不厌其烦地讲述神怎样按照他自己的模样造人。有这样的经文记载，说需要进行各种实验，直到人最终完美得与神意想中的一样。假定有宇宙中的陌生智能生物在史前访问过地球，我们便可以想象，我们今天的长相正与那些传说中的陌生生物长相相似。

原罪是对外星人的背叛吗？

在苍茫遥远的史前时代，肯定存在过一种人或动物杂交生出的两性同体的动物。对此，人类早期的文学艺术让人坚信不疑。

长着人的脑袋的带翼的兽类、美人鱼、蝎子人、鸟人、希腊神话中人首马身的怪物以及长着好几个脑袋的大怪物，栩栩如生地活在我们大家的记忆中。

一些古书断言，这些两性同体的生物还在原始人群、部落甚至在多民族大混杂的历史时代共同生活过。这些古籍叙述了繁衍过的两性一体的生物，它们是作为"寺院动物"勉强维持其生存的，看起来曾经像是居民的宠物。苏美尔的大王们以及后来的亚述人，追寻过半人半兽的怪物——也许纯粹是为了娱乐消遣。

半人半兽的怪物还出现在12世纪建立的神殿骑士团的故事里。它被描绘成走路挺直，头上长着黑的毛发，山羊蹄子，山羊臀部，并拥有强有力的阴茎。希罗多德在他的《埃及史》中叙述到奇特的黑色鸽子，它们曾经是"半人半兽的雌性动物"（第II卷第57页）。在波斯的阿拉斯河河口地区居住的人们，据说曾经"与鱼结伴"，而且据希罗多德叙述，他们当时是身披鳞皮皮肤的鱼人（第1卷第202页）。在印度的吠陀中叙述了"用手倒立"的人。在《吉尔伽美什史诗》中恩基度当时不得不"与诸兽相疏远"。在佩里托俄斯的婚礼上，人首马身的怪物——长着马的身子和人的上身的半兽之人，强奸了拉庇泰人

的妇女。有六位少年肯定曾经牺牲于牛头人身的怪物口腹之中。

古希腊哲学家柏拉图在他的《招待盛宴》中写道："原来，除了男性和女性之外还有第三种性。这种人有四只手和四只脚……他们的力气很大，他们的思想性格大胆放肆，他们曾计划攻占天国，对诸神加害……"

在一些铭文中往往被称为"万能的诸神"的希腊卡比雷诸神，隐密地崇拜着生殖能力过人的人，这种崇拜从古代埃及经过古希腊文化时期一直继续到古罗马文化的黄金时代。

因为卡比雷诸神的祭祀活动是秘密的，故而至今也无法准确弄清楚，相互之间进行粗野的性游戏的主人们到底是在干什么。但无论如何，可以肯定的是：参与这些寻欢作乐的始终有两位女卡比雷神和两位男卡比雷神以及一头动物，不仅男人们和女人们相互交媾，动物也是活跃的角色！

联系到这一点，人们也许还应该提到埃及的阿匹斯公牛——"孟菲斯神圣的公牛"。它们因为交配频繁而变干瘪了，成了木乃伊，被装在长三米、高四米的石棺里。

塔西陀在其《编年史》第15卷第37页上描写了提格林努斯家里每日晚上的纵情放荡，追求这种放浪行为时是在半人半兽的怪物参与下进行的。这种在秘密

团体中进行的性欲反常行为进行了多久，已无从查考。

对希罗多德来说，这种事情过去有时候令人觉得有些难堪，他用左手写道："……公山羊在众目睽睽之下与一名妇女相杂交……"

犹太教的《塔木德》告诉人们，夏娃同一条蛇交配过。这一指责刺激了很多艺术家。在努珀尔发现的残破陶器上，画着一个女人的肖像，她长着发育良好的乳房和一条蛇尾巴——这里顺便提到一个故事，它同那些诱使漂亮的小伙子们对自己贪欲好色的海塞不无相似之处。

我们在历史上的邪恶方面——尽管它是如此令人不快——是挥之不去的、修改不了的。陶器碎片上、悬崖峭壁上和动物骨头上有以前的性放纵的文字和图画，不言自明。

根据今天的生物学知识判断，人与兽之间的杂交是绝不可能的，因为性伙伴的染色体数量是不一致的。这种交媾断不能产生有生命力的生物。然而，我们到底知不知道，这种混杂生物的染色体数量依据何种遗传密码构成的呢？

这种对人兽性行为的崇拜——这在古代是怀着巨大的热情并作为一种享受来进行的——现在看来是违背良知的行为。特有的交配的"良知"可能不仅仅来自于外星智能生物吗？

诸神重新启程返回群星以后，地球居民是否"旧病复发"过？

这种罪行的重犯等同于原罪吗？

远古时代的宇航员

引言

如果是仅仅发现一例，尚不能说明问题，可是，各大洲均有发现，这该怎样解释呢？他们是远古的"神"吗？

许多史前壁画和雕刻中，出现了不少奇特内容，无法解释的技术成分，以及同当今的宇航员使用的相似的服装和物品。在上述岩画和石刻中，人物只有线条构成，表现手法笨拙。即使在最成功的作品中，人物也只能看到侧面轮廓。但是，在全世界各大洲都发现了这样的史前绘画，画面上的人物穿着臃肿服装，头上戴着奇怪的、带有天线的圆形头罩。从正面看，他们的身高似乎在一米到六米之间。考古学家们最初以为他们是动物；但是同表现动物的通常手法相比较，这种解释却站不住脚。而后，科学家们"发现"他们可能是"神"，但"神"这个概念在石器时代是没有的，这些"神"出现的形式与古代和中世纪不同。在石器时代，人们崇拜动物、火、太阳或雷电，但他们绝没有把大自然的力量当成人的形象来描绘。

1979年，在蒙古共和国的乔洛特谷发现了刻在一段长12千米的隧道壁

上的岩画。这幅已有5500年历史的作品，描绘了一些在太阳和月亮上方飞行的鸟、人物、蛇和无法解释的人形动物。它们身体肿大，有些手和脚，各只有三个指头。

1969年，考古学家们在乌兹别克的费尔干纳发现并拍摄一幅新石器时期的岩画。画面上有一个头戴装有天线的密封圆形头罩的人物。他的背上背着一个奇特的装罩，像宇航员离开飞船在太空活动时使用的呼吸器。

在1961年，C·沙茨基就发现了两幅类似的图画。第一幅表现的是一个头戴潜水员那种头罩的类人动物，他的头部周围光芒四射。图画发现的地点在哈萨克斯坦的纳沃伊镇附近。这幅已有五千年历史的岩画上面有好几个携带呼吸器的人。

在中美洲的萨尔瓦多发现的一个陶盘上，绘着一个奇怪生物驾驶着长长的、形状如同雪茄烟的飞行器掠过棕榈树上方的情景。

1956年，一位法国考古学家在意大利境内的阿尔卑斯山区，发现了一幅新石器时期的岩画。画上有一人，身穿臃肿服装，背着圆筒形呼吸器，戴着圆形密封头罩，头罩上有观察孔和天线。

在伊朗的贝希斯坦省，发现了一幅半浮雕，表现"五洲十国的征服者"大流士参拜火神阿胡拉马兹达的场面。这位火神乘坐一只箱子飞过人们的头顶。那奇怪的箱子尾部喷射火

焰，而火神的左手握着一个像是操纵杆的装置。

在两河流域的苏美尔和阿卡德，发现过一些石板和雕刻，上面可以看到被光环围绕的星星，光环周围分布着大小不同的星球；还有头上顶着星星的人物，以及驾着带翅膀的圆球飞行的奇怪生物。图画还描绘了类似原子在一个晶体网内沉淀的现象：一些小球环绕同一个圆等距离排成一圈，交替放出辐射线。

1956年，法国研究工作者亨利·洛特在阿尔及利亚沙漠中的塔西里高原上的杰巴伦地区，发现了数以万计的绘画和雕刻的岩壁，总共有数千个动物和人物。其中有些人的衣着，完全没有那个时代的特征。他们

手持一些圆环，圆环连接正方形盒子。两人身穿潜水服，圆形头罩上装有显然是抛物形天线的东西（要知道圆形头罩和天线同各种祭祀仪式上人们戴的面罩和羽饰毫无共同之处！）。壁画上还有二十来个穿着这种笨重服装的人物，他们同野兽形象的完美逼真形成鲜明对照。在高原中部一块突兀的岩石上，矗立着"火星大神"的塑像。塑像高达6米，神情冷漠威严令人感到震慑。"火星大神"的服饰与宇航服极其相似，完全密封，无线缝；在臃肿的肩上托着一个与服装连成一体的圆形头罩；正对鼻孔和嘴的地方开有口子。专家们发现，这尊巨形塑

像的创作，表现了出色的空间和透视技巧。他们还认为，就当时来说，出现这样的"服装"毫无道理。

表现类似人物的画像，在美国加利福尼亚州的图案里也有发现。例如，在因约城附近有个山洞，洞壁几乎布满了绘画。其中一幅上面可以看到一件极不寻常的东西。据断定，它可能是一把带双层边框的计算尺。

在瑞典和挪威的山洞里，也发现了新石器时期的石壁画。画面上的人物都有巨大的脑袋，没有特殊的表情。还有带翅膀的飞行物，它们绝不能与鸟类混同。

考古学家E.阿纳蒂在瑞士卡莫

尼卡谷的岩壁上，发现了一些岩画。上面的人物穿着与当今飞行服相似的连衣裤，头上的圆形头罩带有天线，手里拿着一种三角形物品。这些"头罩"是什么东西？它们起保护作用吗？那么"天线"呢，难道是一种"装饰品"？

在中国云南省昆明市附近，由于一次地震，几块金字塔形的石块从湖底被抛到地面上来，石块上刻着一种纺锤形的机械图形。机械装置正向天空飞去。大家知道，中国人早在两千多年前，就发明了火药助推的火箭。但是这种机械装置，似乎不是中国人的发明。

在苏联，科学家们发现过一幅半浮雕，画面表现的是一种类似"宇宙飞船"的物体：两根巨大的柱子托着一个方框，框内有十个相互紧挨着的圆，上面还有几个对称分布的小圆。

1913年和1969～1970年间，在非洲尼日利亚的阿伊尔山区发现了许多此类摩崖石刻。法国专家们研究结果认为，在该地区附近有一个蕴藏丰富的铀矿。其中一幅石刻上，有一个人物，他也穿着奇特的连衣裤，裤腿肥大，脚登飞行员那样的靴子，头戴装有天线的圆盔，胸前明显有技术装置……

在拉丁美洲危地马拉，发现了

一幅已有4000年历史的半浮雕。浮雕上有两个真人一般大小的人物：其中一个发长须短，跪在另一个面目古怪的人面前。后者站立着，双手叉在胯间。这里任何混淆都可以排除，站立者明显穿着臃肿肥大的潜水服——长统靴、宽松裤子、硬料上衣、腰带。胸部左侧有一个图盘，戴着特制手套（不分指头，很像拳击手套），膝盖、腰间和其他关节处有密封接缝。另有一套装置连接圆形头罩，头罩正面有铆接的观察孔，里面的眼睛和鼻子清晰可见。嘴部有一个"鸟喙"一样突出部分，犹如防毒面具的过滤器。圆形头罩还有根蛇形软管，通过转接器伸向背上的贮气筒。所有这些东西对远古的该地区来说是完全陌生的。它们不仅没有用处，而且在那种赤道气候条件下，除非装置绝对密封和增压，人是无法穿戴和配置它们的！就连在地球的另一侧，四面环海的澳大利亚德拉梅尔，也发现了这样的石刻。那些已有一万到一万两千年历史的石刻所表现的人物，也是身穿臃肿密封的"潜水服"，当然也有圆形头罩。可是，在澳洲炎热的气候条件下，当地土著居民，从来没有使用过这样的服装和"装饰品"。

这类例子还有一个是在复活岛上发现的。那个地方被土著居民称作"大地中心"。在那里最高的拉诺考火山峰上，有奥隆戈（人鸟村）遗址。村子正面几百米远处是海上莫图内（人鸟岛）。这两处地方都发现了刻在坚硬的火山熔岩上的奇怪图画。画面上是生长双翅的鸟头怪人，喙很长，满口牙齿，有的鸟翅膀尖上托着一个蛋。这些都是复活岛上传统的装饰图案，但至今无法解释。我们知道，地球上唯一长牙齿的鸟类是始祖鸟。它生活在侏罗纪，复活岛上的居民根本不可能见过它。画面上的其他人物则体态肥壮，圆圆的大脑袋，圆眼睛，目光呆滞古怪。这些石刻已有近两千年历史。

地球上所有这类石刻艺术，都有明显的类似之处：臃肿的上衣，带天线和观察孔的圆形头罩，手套，宽腿裤，以及背上的奇特装置。世界各大洲，包括最偏僻的海岛，无法攀登的高山和人迹罕至的密林里的穴居古人，难道都上过同一所绘画与雕刻艺术学校，或者他们曾相互访问，交流过艺术创作的思想和心得？如果说这些服装是祭祀仪式上用的服饰和头罩，那么，为什么即使在气候条件从来不允许穿这种服装的地方，它们的画法也丝毫不差？如果说原始人这样画、这样刻是因为他们"笨拙"，那么，为什么阿尔米塔拉、拉斯考克斯、塔西里和马尔索拉斯的人们，都创作了当之无愧的艺术作品呢？科学家们认为这些岩画石刻艺术，表现的是人们在现实生活中所见到的人物：身穿宇宙服、乘坐飞行器从天而降的宇航员。这种假说难道一点道理都没有吗？

来自远古的UFO

引　言

　　人类漫长的历史岁月，什么都可能发生。也许UFO不但光顾过地球，还为地球留下了一些纪念品。因为许多远古的文明遗迹，目前还无法证实是人类自己的作品。

　　随着研究的深入和考古的新发现，许多科学家对一些史前建筑和古老的神话传说产生了疑问，认为很可能是外星球智慧生物曾经访问过地球的见证。

　　1969年，一个阿根廷人莫里兹在南美洲发现了一条数千千米长的隧道系统，光是在秘鲁和厄瓜多尔境内就有几百千米长。这条奇怪的隧道离地面二百五十米深，通往隧道的秘密入口，由印第安人的一个部落把守着。他们说这是"神灵"居住的地方。这个"神灵"是谁呢？应该不是人类吧！

　　秘鲁至厄瓜多尔这一段已经从事勘测和丈量。在那里发现了许多对人类历史和文化可能很有价值的标识物。这些标识物放在隧道里的许多洞穴中，种类繁多。目前发现的主要有两种：一是不同形状和颜色的石质和金属制品；另一种是饰有符号和文字的金属叶片。

　　这条隧道的穴壁光洁平滑，似乎经过磨光，与地面成直角，时宽时窄。穴顶平坦，像涂了一层釉，不像是天然形成的。有些宽的地方，竟如喷气式客机的停机库那么大。其中有个宽153米、长164米的"大厅"，里边放着像一张桌子、七把椅子似的"家具"。材料很奇特，像石头，但

隧道里还有许多大块的金块和银质器物。莫里兹隧道可以说是人类历史上的一个黄金大宝库。那么，这条隧道建筑是什么时代的产物？它的建造者是谁呢？黄金历来是贵重的财宝，怎么会有人把它放在地洞而遗忘呢？要说是后人的伪造也不可能，因为没有人会用黄金去进行伪造。

在哥伦比亚的波哥大市立银行里，有一具黄金制造的模型，看来很像飞机。过去考古学家认为这是祭神用的宗教器具，雕的可能是鱼或是飞鸟的形象。后来经过纽约航空研究所的风洞测试，竟然非常符合飞行标准。纽约航空研究所的包斯博士说："说这件东西代表的是鱼或鸟，其可能性是非常渺茫的。不但因为这件黄金模型是从哥伦比亚的内陆深处出现的，那些艺术家从来没看见过一条咸水鱼类，而且也没有人会想象，有这样的鸟类。"很明显，他认为这种黄金制品的作者，设计的是飞行器，而不是鱼或飞鸟。在几百年甚至几千年前，人类怎么会制造这样合乎飞行标准的飞行器呢？

1971年，一支探险队在秘鲁的奥都兹柯村附近，在地下六七十米的深处，还发现了一条通向海边的隧道。有六道门，沉重的石门要四个人才能打开。隧道的地上铺着石板，石板上凿着防滑的凹凸沟槽。人们至今不知道这些隧道的尽头在哪里，认为这是"世界上最神秘的宝藏处"。有人认

不像石头那样冰凉；像塑料，但又像钢一样坚硬和笨重，显然不是木头的。在椅子后边还有一些动物模型，如蜥蜴、大象、狮子、鳄鱼、老虎、骆驼、猴子、野牛、狼、蛇和螃蟹。这些雕塑看来是用模子铸造的金属物，放置没有什么顺序或规律。"大厅"里还有许多金属叶片，大多在1米长、0.5米宽之间，几厘米厚，一页一页地排列着，就像装订在一起的书。目前已经发现的估计有三千片左右。每片上都书写着符号，好像是用机器有规律地压印上去的，但这些符号至今没有一个人能读懂。

此外还有许多用黄金制作的图案，其中有两块似乎雕刻的是金字塔，一块金字塔的基座上书写着一排符号，还有一块黄金雕刻的"柱子"，金板长约52厘米，宽约14厘米，厚约3.8厘米。"柱子"上有五十六个方格，每个格子里看来都有一个特定的符号。

为，这是印加民族为了避免西班牙侵略者的掠夺建造的储藏室。也有人认为，在印加帝国建立前几千年，就已经有了这些储藏室。

这些发现是令人惊异的，研究南美文化的学者史汀格教授认为："这真是自从发现特洛伊城址以来，最令人感动的考古上的发现。"

此外，科学家们对下列许多事实产生了深刻的怀疑：

18世纪初，在土耳其发现的几张古代地图，竟然和从卫星上用现代照像技术所拍摄的地球照片十分相似，甚至对数千年来一直被冰雪覆盖着的南极洲的山脉情况都有描绘。而南极山脉我们直到1952年才知道这些情况，并借助回声探测仪才绘成了地图。根据这些现象，科学家们推测：第一，这些地图不可能是我们的先辈绘制的；第二，地图是采用最先进的技术从空中拍摄的。二百多年前，人类并不具备这些先进技术，那么这些古地图是谁绘制的呢？

公元前3世纪建造的埃及胡夫大金字塔，也使人们迷惑不解。根据金字塔的规模和当时的技术水平，专家们估计建造金字塔时埃及居民应该有五千万，可是当时世界人口不过两千万。而且金字塔还有许多奇妙的数字。

美国有个叫亚当斯基的人，曾自称有外太空人血统。他曾经指出，在地球上空九百千米处有一条环绕地球的辐射带。他还向人们讲述他乘坐飞碟遨游太空的奇景："飞碟像一群萤火虫在飞行。"他活着的时候，人们都把他斥为骗子。可是，上世纪的人造卫星上天以后，发现在地球高空果然有一条环绕地球的辐射带。1962年，美国载人的太空船上天后，宇航员格化中校描述舷窗外的情景是："太空船像一群萤火虫在移动。"几乎完全重复了亚当斯基的原话。这究竟是怎么回事呢？

秘鲁安第斯海岸，有一古代城市的帕尔帕谷地，如今已是个不毛之地。可是在一个长约60千米，宽1.6千米的平地上，有许多褚红色的石头。若从飞机上鸟瞰，发现这些石头竟组

么，落后民族具有异乎寻常的先进科学知识，就有些令人费解了。

天狼B星直到1865年，人们用望远镜才发现了它的存在，直到20世纪，天文学家才知道，天狼B星是一颗质量巨大的白矮星。可是，居住在非洲西部被称为"多根"的原始部落，却比现代天文学家早六个半世纪知道这些知识，几百年前他们就把天狼B星作为图腾祭祀。从公元1200年开始，他们的木刻、纺织品、洞穴壁画就描绘了天狼B星椭圆形的轨道，而且知道它是一颗质量很密的超小型行星。

更发人深思的是多根部落自古流传的一个神话，说他们的祖先曾经接待过天上下凡的神——"诺默"。"诺默"乘坐着"方舟"从天而降，在地上腾起一片火光。在"诺默"的小"方舟"上方，还有一个大"方舟"在头上盘旋。这些奇怪的故事不仅在多根人中世代流传，而且形之于绘画艺术中。

多根人描绘的"方舟"是什么呢？难道真的是外星球文明生物驾驶的宇宙飞船？是我们现在仍然议论纷纷的飞碟吗？

成一道道平行或交叉的线条，很像一个轮廓鲜明的飞机场。

叙利亚大马士革北部的一个石块建筑的平台，每边长20米，估计整个重量近两千吨。有的科学家猜测，这可能是一个巨大飞机场的遗址。这块巨石究竟是谁放置的？干什么的？连考古学家也无法回答。

如果说，先进的古老民族具有先进的科学文化知识不足为奇的话，那

文艺复兴时期的UFO

引　言

　　考古学家、天文学家们的研究可谓深入细致，连文艺复兴时期的名画也都搬腾出来，试图找到UFO的证明。但愿科学研究不要走入歧途。

　　据英国《泰晤士报》报道，一名意大利考古学家宣称，他通过对一系列意大利文艺复兴时期绘画的研究，惊奇地发现在一些艺术大师作品内的天空中，存在着一些圆盘状不明物体。他认为这是古代大师给后人留下的一个记录，也就是早在15世纪，外星飞碟就曾光临过地球。这证明，外星人一直在关注着人类的地球。当年五十六岁的西格那·沃尔特里是罗马的一名专业考古学家，他擅长于古代金属物体的分析与鉴定，也是一名飞碟现象的热衷者和研究者。"在我还是个孩子时，我就对一切无法说明的东西感兴趣。现代科学家们常常将一些无法解释的现象归结于人类幻想，譬如外星人。但我认为科学工作正是要解答一切神秘问题，而不是将它排斥在外。"沃尔特里称，通过对一些文艺复兴时期绘画的研究，他认为外星人现象其实早在几百年前就已存在，人类的老祖宗早就怀疑在地球之外可能还存在着其他生命。

　　在他的近作《古代编年史》中，沃尔特里列举了一系列例子，证明外星人早在15世纪就光临过地球。"最著名的一幅画是15世纪意大利画家菲利皮诺·利皮的《圣母和圣约翰》，画里面牵着一只狗的男人显然正在凝视圣母玛丽亚肩膀附近一个飞碟状的物体。有人称那是画家作画时不小心犯下的污点错误，但是既然如此，画家又为什么画上一个男人和一只狗正在对天上的这个不明物体专注地

凝视呢？这幅画现藏在佛罗伦萨帕拉佐博物馆，每个意大利人都能亲自去看一下。"

此外，据沃尔特里称，在另一位文艺复兴时期的画家玛索里诺·达帕尼凯尔作于1429年的画作《雪中奇迹》里，也有神秘的云状不明物体。"这幅画现藏于那不勒斯的卡波迪蒙蒂兹博物馆，该画内容描写的是公元4世纪的一个真实历史事件。然而让人奇怪的是，画中天空那些奇怪、黑暗、拉长的云状物体太像如今人们描绘的UFO了。"沃尔特里称他曾将这幅画上的飞碟状物体和1955年有人于比利时那玛市拍下的所谓不明飞行物照片相比较，发现两者惊人地相似。"此外，在15世纪佛罗伦萨学派画家保罗·乌且罗的画作《耶稣受难》里，天空中有些东西跟美国人在1950年到1960年拍下的所谓UFO照片一模一样。"

沃尔特里还称，在16世纪意大利画家萨里蒙贝尼的名画《圣餐颂》里，"有一些东西看起来就像俄罗斯的人造卫星斯普特尼克号，在画中上帝和基督中间，有一个金属球体，该球体的突出部分极像一个电视摄像机镜头，该球体还伸出两根触须，仿佛现在的雷达天线。这幅画现藏在意大利中部城市锡耶纳附近城市蒙塔西那的一间教堂里。"

沃尔特里对记者道："我相信早在15世纪，就有外星人光临过地球。

尽管当时的人们不明白那些神秘的天象，然而这些画家仍然有意地将其表现在绘画里，留给后人一个信息和记录。"

对于沃尔特里的文艺复兴时期"飞碟论"，其他一些欧洲学者有着不同的看法。英国牛津大学艺术史系的马丁·肯普教授就认为，文艺复兴时期绘画中的UFO现象完全可以有个合理的解释："许多艺术家用他们自己的想象表现神的力量。譬如《圣经》中没有出现天使，但是画家却通过自己的想象将她们描绘成人的模样，她们也可以被称作'飞行物'。况且在玛索里诺·达帕尼凯尔画中的那些物体，根本不是UFO，仅仅只是画家通过透视画法画的一些云朵而已。"

第二章

UFO 的形状和动力猜想

　　UFO上的外星人也应该有自己的思维、语言和文字，来表达某种信息。看来，在全宇宙中，无论是人类还是类人生物以及我们所说的外星人，都遵循着共同的文化、文明发展轨迹。

UFO表面的神秘符号

引 言

飞碟上的外星人也应该有自己的思维、语言和文字，来表达某种信息。看来，在全宇宙中，无论是人类还是类人生物以及我们所说的外星人，都遵循着共同的文化、文明发展轨迹。

很久以前人们就发现，有些飞碟表面带有某种符号、奇怪的文字和图形。在美国《蓝皮书》档案中，有一份目击证据材料，它是墨西哥警察洛尼·扎莫拉提供的。他在这份目击报告中确认："我曾亲眼目睹过一个卵形飞碟，旁边还站着几个类人生物……据我分析，这可能是些身材不高的来自外星的成年人或大孩子。时间不长，它伴随着哨声和轰鸣声飞走了。地上的草被它烧焦了，留下清晰的着陆痕迹。"

著名天文学家、飞碟专家、美国空军UFO问题顾问海尼克博士对这起事件得出结论："1964年4月24日下午在墨西哥索科罗岛发生的卵形飞碟着陆事件，是一起人体能明显感触到的真实事件。"至关重要的是，目击者洛尼·扎莫拉还发现那个卵形飞碟的表面还带有一个奇怪的符号。

更令人惊异的是，有时，在一些不明飞行物上还带有我们地球上的字母和数字。在美国《蓝皮书》档案UFO目击录中，有一份来自美国俄克拉荷马册坦普尔市的报告：1966年3月22日，一个叫维·雷克斯顿的目击者看到天空中出现一个带水平翼和襟翼的鱼形飞碟，尾部喷着火焰，外壳上带有"T14768"或"T14168"的标志。维·雷克斯顿在空军基地工作多年，他深知，这一发现有多么重要。军事人员详细调查了该飞碟的着陆地点后确认，此事件属实。他们还找到其他一些见证人。

在俄罗斯，类似事件也时有发生。1990年4月21日，在俄罗斯奥廖尔州的帕斯罗沃村，众多目击者发现空中出现一些光球，光球表面有类似罗马数字的符号。这些符号像我们地球上的飞行器上印写的标志和文字一样固定而清晰，但是，在俄罗斯赫尔松州曾发现一个飞碟，它上面带有可变数字：飞碟上的数字由"141"变为"157"。更令人迷惑不解的是，在飞碟的外壳上有时还直接出现一些投影式的人脸、人体或其他一些离奇古怪的形体。1990年3月14日至15日夜，在俄罗斯南乌拉尔铁路的卡塔尔车站，列车记录值班员留德米拉·希兰杰娃讲述道："我们在交接班时才得知，在前一天曾出现一个飞碟。可是，第二天晚6点30分，在离我们约五百米处的车站天桥附近，又出现一个'火球'状飞碟，最初它呈红色，后来变成像月亮一样的淡黄色，还发现在'火球'飞碟里面有某种人脸似的东西。9点30分，'火球'离我们更近了，并悬停在空中一动不动，然后转瞬即逝……"

飞碟上还常出现一些更复杂的图像。1989年8月8日，俄罗斯某仪表厂厂长尼古拉·鲍伊卡发现空中出现一个圆柱形飞碟，它悬停在半空中纹丝不动，突然，从飞碟底部向地面射出一道光柱，这时，有几个类人生物出现在飞碟光柱中，他们顺着光柱飘落到地上。突然，这个神奇的圆柱形飞碟像一个能卷能伸的窗帘一下子舒展开。奇怪的是，展开后的长方体像电视荧光屏一样开始发光，从侧面看去它呈现出一个站着的女人形体：白脸黑发，高高举着一只手，五个手指又细又长。她旁边还站着一个与其形态相同的带胡子的黑发男人……这一现象已被拍成照片，正如照片上所显示的那样：那个圆柱形飞碟展开后很快又合上了，然后又再次展开、合上……

空中图案和符号

引　言

　　天空中出现一些光怪陆离的图像、一些奇怪的符号、一些我们认识的拉丁字母……这些"天书"所要表达的是什么意思呢？

　　从俄罗斯的哈卡斯传来报告，一架飞碟在空中飞行时留下一个卵形大斑点。飞碟消失后，这个大斑点突然变成一个表情聚精会神的活灵活现的男人面孔。这张"脸"沿天空缓慢地移动着，而且越来越远，后来变得模糊不清了，渐渐"躲"到一片树林的后面。从泰伊峰镇方向同时观察到这一现象的拉·扎波罗茨卡娅强调说："当那张有'脸'似的东西消失在树

林后面时，森林上空便又出现一片运动着的彩色涟漪。"

　　飞碟能在晴朗天空中"塑造"出如此之多光怪陆离的形象的奇功异能，实在令人惊叹不已。而且，在出现这些扑朔迷离的天空奇观后，飞碟便消失不见了。飞碟留下的这些变幻莫测的空中奇观能以烟雾和光的形式存在。

　　1967年10月10日，俄罗斯地球物理观测站研究员瓦连金娜·德米特莉琳卡，在季克西港上空发现一个由红色和浅黄色光构成的某种不可思议的生物，它有一张某个地方令人熟悉的美丽"面孔"，这张"脸"像是用发光的宝石组成的，犹如一双星星般的眼睛在看着我们……这一现象伴随有从收音机里发出的一种奇怪的说话声——"这在你们看来还是一种独特而罕见的飞碟现象。"

　　1983年11月23日，在俄罗斯中科雷姆斯克上空出现一个约50岁男人的"人头像"，这一现象在空中持续了三个多小时，目击者达数百人。

　　宇航学之父康·谈·齐奥尔科夫斯基在他的《宇宙的意志·不明智能

力量》一书中写道："暂且还不能宣布我四十年前发生的一个奇遇，因为这件事太离奇古怪了……"其实，齐奥尔科夫斯基当时在离地平线不高的半空中看到一块有四个尖得很规整的十字架形云彩，它后来变成一个人的形体：这个人的形体虽然不大而且模糊不清，但他的双手、双脚、躯干部和头部都能清晰地分辨出来——这简直是一个完美无缺的规整的人体，就像从纸上剪下来似的。后来，这一云朵又变成相貌各异的人形，它们看上去很像几个著名的现代人物——俄罗斯卡缅斯克–沙赫京斯基的伊琳娜·伊万诺娃和弗拉季高加索的塔·图阿耶娃及许多其他人。

以离奇费解闻名遐迩的神秘事件还有"萨利斯克密码"：1989年9月15日，在俄罗斯罗斯托夫州的萨利斯克市上空突然出现一些数字和符号。这些符号清清楚楚地写在几个长方形里。目击者们发现，这些长方形在空中的出现是有严格的先后顺序的，它们悬停在空中不高的地方，是一个跟着一个出现的，就像有人从地下向空中抛出来似的，又像朝空中投映的科普电影。出现这些长方形的区域延伸长达约1.5千米。有些目击者认为，这可能是向地球居民暗示某些含义深奥的"天书"。目击者所看到的这些数字和符号是五花八门的。

有人在解释这一现象时认为，这只是喷气式飞机飞过后留下的一行反作用沉降物。而有的科学家认为，这种解释不切实际，因为许多目击者和研究人员通过多次观察证实，喷气式飞机飞过时在空中留下的喷气反作用沉降物区域与天空中出现上述怪异现象原区域之间毫无共同之处。

早在1985年12月22日，在俄罗斯的兹维列沃市上空也曾出现过两个符号，接着这两个符号又分裂出一些同心圆圈。1989年8月23日，在出现"萨利斯克空中奇观"之前的一个月里，在沙

这些奇异"符号"能映射在物质"屏幕"上，可以说能映射到楼房等建筑物的墙壁上。

在俄罗斯的萨马拉，在一座九层高的楼房侧墙上，突然无缘无故地映出拉丁字母"S"、"C"等。在圣彼得堡附近和沃罗素夫小城，在一座五层楼房的整个楼体上曾出现一些无人认识的发光的奇特文字。

波列夫车站上空出现七个白色平行四边形，它们是按（3+3+1）的数目成组分布在空中的。当时，空中尽管刮着风，但这七个平行四边形却一丝不动。

自1990年起，空中频频出现神秘符号：在俄罗斯克拉斯诺达尔边区乌斯季一拉宾斯基上空出现一个带有奇怪"符号"的乳白色空间，这些奇怪"符号"人们从未见过，实在令人费解。奇怪的是，这一奇特空间是在三个飞碟消失后立刻出现的。

后来，在堪察加上空突然出现三个拉丁字母"SWA"，然后又一下子消失了。1990年11月10日晚5时，在俄罗斯加里宁格勒州上空出现几个白色长方形，尽管当时刮着风，但这些长方形却一动不动，在其中的一个长方形里还出现两个字母"S"和"L"，还有其他一些东西……在发现这些符号之前或之后，曾出现过圆盘形、菱形和星形飞碟。

这一切该作何解释?这不太像"天书"之谜破解之前地外文明试图同地球人类建立接触的一种尝试，可能有人正在从中得出遥远未来的结论——好像正在推算"世界末日"到来的日期。即便是外星人真想同我们地球文明建立接触，导演出这样一些类似人脸的离奇古怪的"恶作剧"来也大可不必，除了在暗示我们。在这些"恶作剧"的背后尚看不出还有什么其他含义。这能否是天外来客馈赠给我们地球人类的某种"艺术杰作"？我们怎样理解他们那种超越地球现代人类知识水平的不可思议的逻辑？我们才刚刚开始认识比我们的想象丰富得多的充满奥秘的宇宙，可能还存在比我们更加高超的艺术家？这一切还有待时间做出结论。

UFO的高超特技

 引 言

　　我们许多人都见过空军的特技表演，曾为飞行员的高超技巧而赞叹。但比起人类的空军表演来，UFO的特技实在是太高超了，具有梦幻般的艺术，我们只能是望"空"兴叹！

　　具有超凡古怪的飞行性能，飞碟专家曾就这方面的问题广泛研究多年，并特别注重对那些准确的观测资料的研究。

　　在一个晴空万里的中午，一个叫仲道的飞碟专家发现，一个银灰色飞盘在约三千米高空正沿一条正弦曲线状轨迹飞行，尽管它的速度约是喷气式飞机的四倍，但丝毫听不到声音。它完成几个方向陡变的空中"特技"后，悬停在半空中，一动不动地呆了约十分钟。后来，它来了个慢转弯动作，然后朝仲道站着的方向俯冲下来，飞行高度降至三十米，最后降到离地一米高——它下降时的姿态就像一片落叶一样轻飘飘地落了下来。后来，它同仲道"亲近"了一下后便猛然升到树顶，然后又以梦幻般的速度

疾驰而别，转眼即逝。飞碟专家仲道说："在我一生中还从未见过这样的怪物。"

特技一：
凌空悬停　稳如泰山

　　常见的一种UFO的飞行姿态是，纹丝不动地悬停在空中或离地不高的半空中，而且丝毫见不到能确保这一凌空悬停的任何机械作用的表现形式。很显然，无论如何，UFO也不会利用普通飞机所借助的那种空气动力学的上升浮力来飞行。看来，UFO并非凭借像直升机那样的螺旋桨来悬停。UFO飞行时既无气流又无烟团，从而排除了它使用普通喷气发动机喷气推进力的可能。

特技二：
升降变换　神奇莫测

　　站在UFO乘员的角度来研究UFO的升降问题是再恰当不过的了。UFO开始下降时，悬在半空中的UFO的浮力将垂直向上起作用，从而靠向下起

时不存在飞行失误的危险，因为UFO乘员会考虑到树木、电线和楼房等可能出现的障碍物。UFO乘员由于竭力抵消引力而减轻了飞行器的重量，从而确保飞行器具有升浮力，UFO才能开始平稳上升，达到安全高度，最终安全而准确地飞抵指定地点。在几乎所有UFO飞离着陆点的目击者事件中都能发现，UFO总是作两阶段机动飞行：先谨慎地缓慢升到15米～30米高度，然后再以惊人的巨大速度远离。

作用的重力达到平衡的目的。假如不改变飞行器本身的升浮力，UFO乘员就会一下子倾向不同的方向；只有UFO改变了自身的升浮力，才会产生一种力确保UFO平稳地向不同倾斜方向运动。UFO乘员随时可将操纵手柄置于中间的位置，然后继续向相反的方向机动飞行。在UFO继续朝不同方向作下降机动性飞行的同时，靠其精确的驾驶系统可使UFO下降到任意高度，又可通过把操纵手柄固定在中间位置使UFO悬停在这一高度，因而可避免出现失误的危险。看来，对UFO来说，无论按照"落叶"式还是"摆锤"式下降飞行，其总的飞行姿态更加难说，UFO乘员就是选择了这种能控制下降飞行的最佳方法。

现在，我们仍然站在UFO乘员的角度来讨论和推断：UFO怎样以完全幻想般的性能更好地使自身达到飞行高度？很显然，UFO在达到飞行高度

理论上的计算表明，UFO以极高速度远离飞行时所耗用的能量，相当于一颗原子弹爆炸时所释放的能量，同时伴有温度高达85000℃的热效应，还应伴有放射性增强和放射性沉降物沉降的现象。因此，研究人员据此得出结论：UFO不可能是地外生物驾驶的航天器，因为UFO不符合物理学定律，假如UFO乘员果真是来自外星的生物，代表着高度发达的文明，他们就应该有符合相对论的定律，因为相对论对任何一个物理学部门都是绝对必不可少的。相对论的正确性在回旋加速器、线性加速器、核反应堆和原子电站的工作中，每天都得到验证。今天，相对论被用作天文学和宇宙学上阐述引力场的基石，还用于解释所有现代观测。如果UFO能使引力对其

质量的影响"归零"，由此可得出一个结论：UFO的惯性也必然同时"归零"。包覆在UFO周围的引力防护屏应像其周围的惯性防护屏一样发挥作用，那么，失去质量的UFO怎样控制自己呢？

很显然，即便最小的力也能产生极大的加速度。实践证明了这一点——UFO只用几秒钟时间完全消失在目击者的视野中。此外，UFO还能以肉眼无法跟踪的加速度开始运动，所以能在人的视觉中产生一种瞬间即逝的错觉，即闭灯时灯光刹那间消逝的一瞬。目前已知，人的肉眼不可能跟踪上加速度超过$20m/s^2$的物体的运动。

要对我们所研究的与UFO有关问题的所有观点是否正确进行全面评估，就需要有远超出现代水平的知识。但不管怎样，我们没有任何根据对UFO瞬间即逝的现象采取某种神秘学方法予以解释。也不必担心UFO中的乘员会甩出来，因为他们受到"惯性防护屏"的保护。

还可得出一个结论，UFO的某些性能和特点同广义相对论的吻合之处是有限的，但在某些方面同其完全一致，该理论认为，惯性质量和引力质量确切地说是同一种东西。

特技三：
起伏飞行　应变无阻

UFO水平飞行时，甚至以某种奇特的方式沿着一种"不合理的"正弦曲线轨迹运动。如果UFO飞经引力强度大的地区上空时，重力就会增大。这时，UFO会出现某种下滑飞行，从而降低飞行高度的现象。与之相反，当UFO飞过引力强度小的地区上空

时，其飞行高度就会增大。如果我们沿着大陆表面运动，就会发现这样一种几乎常见的引力强度变化趋向：海洋上空的引力强度小于大陆上空的，此外，地球自转也能引起这一引力强度的某些变化，该变化也取决于引力强度测量地点所处的地理纬度。

利用对某些罕见情况下UFO起伏不定的飞行可做具体分析加以解释，如，当出现UFO时就认为它在侦察地形，所以在山峦起伏地区上空保持固定高度飞行。在诸如此类情况下，对UFO的驾驶可能是利用类似雷达的地面信号反射系统自动进行的。

特技四：
驰骋天宇　飘飘欲仙

1955年一个夏日，美国一架歼击机在新墨西哥州乌基克市附近约九百米高的上空飞行，飞行员突然发现一个神奇的飞碟——它在飞行员的头顶高速飞行，呈亮灰色，几乎是一个球形，上面至少有四个窗孔向外射出耀眼的蓝绿光束，这光束似乎随着飞碟的远离而变换

着颜色。根据该飞碟飞经乌基克和波士顿两地的时间判断，其运动速度为7250千米/小时～7700千米/小时，虽然它以如此大的速度在大气层中飞行，却丝毫没产生冲击波。

1995年8月，华盛顿上空曾出现UFO列队飞行的奇观。当时，美国空军和民航塔台的雷达都跟踪到这队飞碟。它们当时的飞行速度是12000千米/小时，其中有几个飞碟仅用肉眼就能看到。四个月后，美国一架B-29飞机在墨西哥湾上空飞行时，借助机载雷达发现几个飞碟，其飞行高度达5500米，速度为8450千米/小时～14500千米/小时。须知，人类制造用于宇宙考察的大型运载火箭，只有在大气层外的近地宇宙空间飞行时其速度才达到29000千米/小时。

1969年11月，美国载人登月飞船在从地球出发飞抵月球期间，一直受到一个神奇的不明飞行物的神秘跟踪。这些神秘的飞碟以超音速飞行在宇航员面前显示其技术上的成就和优势。飞碟飞行时不仅避免产生冲击波，还极大地提高了飞行时的能量利用率。很显然，它飞行时能有效地抵消冲击波，它是如何抵消冲击波的技术细节我们还尚不清楚，不过，其中有些奥秘已被揭开：似乎飞碟逼近飞行的信息立刻被传导给前方空气，从而使空气中的气体分子提前接到这一信息，进而为飞碟即将路经的空域"开道让路"。待飞碟顺利通过后，

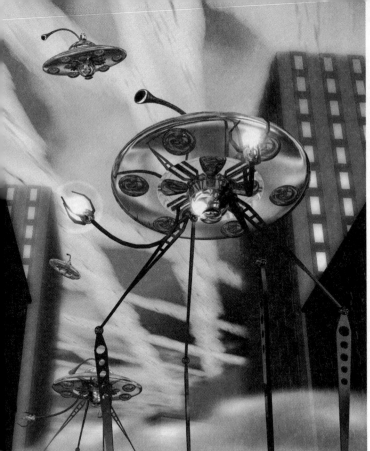

时，着陆飞碟的上部开始旋转直至它离地升空，同时其旋转速度逐渐加大，最终转速达到极高值。大量观测表明，飞碟整体旋转的这一特点同一定的飞碟类型没有关系。还发现，会旋转的飞碟既有球形的，也有卵形的，还有圆盘形等形状的。不难设想，无论飞碟的整体旋转还是其下部机构旋转，其用途都是为了保证其在空中的高度稳定性。大量实验性研究证明，这一推断是正确的。

令人不可思议的是，要使坐在飞碟内的乘员平安无事地飞行，飞碟的旋转部分只能是它的外表部分，因此，只能做出这样的推断，在飞碟的外部机构与内部机构之间装有某种交连装置，当然飞碟壁壳上的舷窗可能不随其旋转部分同时旋转。在这种情况下，每当飞碟乘员需要向外瞭望时，他必然使飞碟的旋转机构停止转动以便观察。

无论哪种类型的飞碟都有一个共同特点，即着陆后静止不动，也不旋转。通常，观察到飞碟旋转的情况是极为罕见的。可见，大量事实和研究证明，自旋并非是飞碟飞行时的一个必然的固定属性，它是否需要旋转取决于飞碟驾驶员的愿望。

其后面"开道让路"的空气立刻又闭合恢复原状。UFO就是以这种方式畅通无阻地穿越大气层的，这样其能量消耗极小。因此，在飞碟行进的前方永远也不会形成冲击波。显然，所有这一切确保了飞碟表面出现等离子体光晕或某种光能效应。

特技五：
◆◆ 自旋变换 奥秘无穷

据观测，飞碟有时整体，有时某部分做自转运动，这自然要提出一些问题：飞碟为何以这种方式运动？飞碟的旋转部分发出某种声音吗？有哪些固定类型的飞碟做自转运动？有

UFO的动力之谜

引 言

　　"飞碟风暴"、"飞碟热效应"，这是飞碟产生的两种重要现象。UFO的动力系统一定是建筑在我们目前尚不清楚的一种机械动力的装置上。UFO的性能同现行理论完全吻合，但又似乎超出现代技术条件的水平极限。

　　最初，人们对飞碟的运动机理还尚不清楚。同飞碟相遇的目击者都会感受到，当飞碟着陆或升空时，都伴有狂风大作，其风力狂暴程度至少使其中一名目击者跌倒在地。当飞碟在沙漠地带着陆时，会激起狂烈的沙暴。在另一起事件中，当飞碟飞越大雪覆盖的雪原时，几乎把地上的雪吸至飞碟腹下。还有一次，在飞碟的下方出现强烈的雪旋风暴。此外，还发现，在飞碟着陆的两个地方，地上的土被翻了出来。还有另一处飞碟着陆的地方，不能使任何落叶靠近此地。当飞碟悬停在大海上方时，海面会掀起约15米高的巨浪，海浪直朝飞碟的方向吸去。有时，当飞碟离去时，还会将附近的小汽车掀翻。这一系列现象基本上可解释为"飞碟风暴"导致的结果，但也可能与其相反，是飞碟对小汽车产生的某种直接的物理作用所致。在另一次观测中还发现，在一条公路上一辆卡车被一个飞碟"带"到半空中，然后大卡车被翻倒在路旁的水沟中。美国明尼苏达州的一名年轻汽车司机，在接近飞碟时一下子失去知觉。后来发现他驾驶的汽车来了个180度大转弯倾斜在公路旁。

　　飞碟不仅能将公路上行驶的汽车"举"到半空中，似乎还能将其吸附到飞碟近旁并能以其产生的破坏性扭

曲力和旋转力使其他物体伴随其旋转和做螺旋式运动。

人体能感受到飞碟产生的这种力的作用。据德黑兰一位目击者供述，他曾与一个飞碟相遇，这飞碟像一块巨大的磁铁把他吸悬至半空中。在另一起事件中，目击者发现，一个飞碟乘员从飞碟的舷窗里向他挥手示意：让他远离飞碟不要靠近，可他的一只肩却意外地碰到飞碟的前边缘。据他回忆，他的双手被一种巨大的拉力朝上拽向飞碟悬停的方向，后来又被一下子抛了下来。事后，他的手虽能动弹，却深感被飞碟所伤。

飞碟的另一个明显特征，在圆形飞碟的下方会形成奇特的圆柱状怪异带，产生过去尚未发现的一直向下延伸至地的作用力。观测性研究表明，飞碟产生的这些作用力对石头和干燥的木材不产生影响，而对相应的化学成分却能产生一定影响。雪和具有一定温度的树叶对飞碟的这些作用力的作用十分敏感。

为什么产生的这种力的作用方向总是向上?迄今仍是一个谜，不过，从中可得出一个结论：飞碟能够以某种方式抵消引力。

飞碟在地球上还留下某种超自然性质的热力作用：草根被烧焦，但其地面暴露部分却未受损伤。美国空军实验室曾对放置在铁盘上的山菜进行加热到145℃的实验，便产生这种效应。专门研究这一现象的专家得出结论，产生该效应的唯一机理是飞碟以其自身交变磁场使飞碟表面产生热感应效应。

在飞碟周围永远存在这种热效应现象。在法国，一名大客车司机和二十名乘客同时感受到这种热感应效应：当六个飞碟中的一个飞近这辆大客车时，坐在客车里的一名司机和二十名乘客的衣服全部起火燃烧。还有一个比利时园丁，当他靠近一个正在着陆的飞碟时，他衣服的某一部分起火。在美国路易斯安那州，一个飞碟半空悬停在一辆大客车上方，它产生的热浪冲进大客车，从而引起车内起火，大客车毁于一旦。在另一起事件中，当一个悬停的飞碟离去后，发现水沟中的水蒸殆尽，附近的花草

层起火燃烧，持续燃烧时间长达15分钟。据推断，这种形式的热效应是飞碟产生的甚高频电磁辐射所致。

利比亚一个农场主曾目击一个在公路上着陆的卵形飞碟，它的上部带有一个透明的圆顶形舱室，里面坐着六个身穿淡黄色连体服的类人生物。这个卵形飞碟着陆后，农场主凑上去触摸了它一下，立刻有一种电击感。这时，飞碟上的一名乘员向农场主发出离开这里的手势。然后，他发现，飞碟上的那些飞碟人摆弄某种仪器长达20多分钟。

还有几个类似的例子，一个13岁男孩发现两个小飞碟着陆了，于是他跑到飞碟跟前触摸了一下飞碟上的天线，立刻有一种触电感。加拿大一名地质学家发现一个飞碟，并对其观

树木甚至连土壤也全部枯干。这种使水分蒸发和植物干枯的热效应对飞碟产生的微波效应来说是很典型的，因为水分子完全有效地"吞噬"了微波能。草根被烧焦而地面叶部分却完好无损的现象可完全用飞碟产生的微波辐射效应所致加以解释。还发现，当飞碟在柏油路着陆飞离后，路面沥青

察长达30分钟，他发现，这个飞碟的舱门敞开着。当飞碟着陆后，他靠近它，突然听到飞碟里有说话声，最初，他试图用英语同飞碟乘务员对话，然后又改用其他语种同他们谈话。后来，当地质学家用戴着胶皮手套的手去触摸那个飞碟时，胶皮手套被烧焦了。飞碟离开后，他的手出现烧伤，但令人费解的是，没有任何迹象表明飞碟表面是热的，而且，任何一个接触过飞碟的人都没有毙命的危险。这说明，飞碟的电势并不太高，但目前还无法确知飞碟所带的电是直流电、交流电还是静电。

我们不难想象，频率为300兆赫～3000兆赫乃至更高频率的电磁辐射能便是引发下列现象的原因：

（1）UFO周围的彩色光晕。

（2）UFO表面能出现闪烁的亮白光等离子体。

（3）出现不同气味。

（4）罗盘指针强烈摆动，磁性里程骤变，甚至使金属路标震破。

（5）对无线电和电视广播的接收产生感应和干扰。

（6）使供电网中断。

（7）使青草、细小树枝、小树丛枯萎并使土壤干燥。

（8）使一定深度的沥青公路变热并使其挥发性气体起火燃烧。

（9）使人体内发热。

（10）人有电击感，目击者出现暂时瘫痪。

（11）对人的听觉神经产生直接刺激，使人感到有嗡嗡声或浑身酸痛。

对UFO专业化程度最高的一次著名观测是1957年在美国空军的一架B-47战斗机上进行的。当时，这架飞机在墨西哥湾和美国中南部一些州的上空进行训练飞行。转眼，空中出现一个"谷仓"大的飞碟，它发出一种均匀的红色光晕，并以远远快于喷气式飞机的速度飞行着。

这个空中怪物曾多次变换飞行速度紧紧咬住B-47。这个怪物在飞行时似乎从空中的某一点猛然"跳跃"到另一点。对UFO的目测坐标定位是借助雷达在空中和地面同时进行的。这个飞碟放射出频率为2500兆赫极强的电磁辐射能。

装备中包括无线电电子对抗仪的B-47战斗机从墨西哥湾上空飞行归来时，突然又在密西西比州的墨里迪恩市区上空遇见另一个UFO，它似乎以

800千米/小时的速度跟B-47捉迷藏。它绕着飞机转起圈来。这个空中"不速之客"跟 B-47 连续周旋了1.5小时，在此期间内B-47横越了整个密西西比州。飞机绕过福特—沃尔特军事基地，向北朝俄克拉荷马州方向返航，B-47在俄克拉荷马城地区摆脱了UFO后，便返回在美国福尔普斯的空军基地。至少有五种监测仪器和手段证实了B-47战斗机同UFO相遇的事实：飞行员在战斗机上的肉眼目测、机载雷达、两部装备有无线电电子对抗仪的机载接收机和军用地面监测雷达。

在美国密西西比州墨里迪恩市区拦截到UFO发出的信号具有以下特点：信号发射频率为2995兆赫～3000兆赫，脉冲宽度2.0微秒，脉冲复现频率600赫，自转速度4周/分钟，极性为

垂上式。而无线电探向器未捕捉到这些信号，它只显示出该信号源的高速运动。尽管这个UFO能用复现脉冲低声频极窄微波波段发射大功率电磁辐射脉冲信号，但从飞机上便能测知该信号源所在的位置。

UFO的微波能辐射流是其动力系统重要的完整统一的要素。这种动力系统用我们目前尚不清楚的某种方法来减少引力和惯性力，甚至使这些人类无法征服的不利因素归零。该动力系统能确保UFO能以超音速飞行，而且避免出现冲击波。

有一次，巴西的两名农场主突然听到一种奇怪的轰鸣声，抬头一看：原来有两个直径约三米的"铝制"飞盘一动不动地悬停在半空中。如果这种轰鸣声是由于UFO的微波能脉冲作用的结果而导致人的头脑中出现嗡嗡声(蜂音)，那么他们所受到的微波辐射效应远远超过所能接受的这一效应极限，即0.333兆瓦/平方厘米。不太复杂的计算表明，这两个UFO距离两名巴西目击者200米远，其微波辐射能为1.6兆瓦。而对任何一个地方无线电广播电台来说，其发射功率也不应超过0.5兆瓦，而一台铁路柴油机车的功率也仅为2000马力，其能量当量约为1.5兆瓦。以此来解释在这一巴西UFO目击事件中那两个UFO能在凌空悬停时产生和释放出比目前发射功率最大的无线电视台的发射功率大数倍，或相当于铁路柴油机车功率的能量。

如上推论表明，UFO的动力系统是建筑在我们目前还尚不清楚的一种机械动力装置的基础上，该动力装置能从双效益角度减小或抵消UFO的质量效应。通过理论上的检验证明，UFO的性能同现行理论完全吻合，但似乎超出现代技术条件的水平极限。不过，精心组织和有充分资料保障的研究计划完全可以在不远的将来使人类已取得的成就和进步得以应用。人类每天获得的经验都在提示我们深信不疑地面对现实，地球引力是现实存在的，不过，引力场较自然界中存在的其他场还是极弱的场。征服引力场不应是一件很困难的事。

在对靠电磁场征服引力的UFO的观测中，我们碰到一个很大的理论难题：无论是在实验室还是在自然界中，无论什么地方，都没发现这种电磁场同引力场相互作用的表现形式，不过，在学术界很早就已对此提出许多猜测和推断：自然界中的各种场是相互作用的，它们是以某种方式相互作用的。场之间的相互关系是统一场理论的"先驱"，该理论的提出使这方面的研究向前迈出举足轻重的几步。

为了阐述和研究引力场，那些有经验有价值的新资料越来越多，站在理论高度对其进行研究，无论在完善理论方面，还是在完善我们对UFO的认识方面都会获得综合效益。

UFO飞行时的特点

引　言

　　大量的观测资料，为人们的研究提供了分析依据。通过归纳整理，飞碟出现时的特点，人们已经比较清楚了。

　　飞碟在人们眼里是神秘莫测的，它的出现一般也是神秘诡异，悄无声息的。据很多UFO目击者提供的资料，科学家们总结出飞碟出现时的特点，归纳如下：

　　特点一：外形如碟形、卵形、雪茄形、草帽形、球形、陀螺形等等。其外形尺寸小者如乒乓球或指甲，大者（雪茄形）长达数千米。

　　特点二：高速。飞碟不仅可垂直升降、悬停或倒退，还可做高速飞行。有的时速可达24000千米（即20马赫），有的甚至更高，这是现有的人造飞行器所望尘莫及的。

　　特点三：高机动性。能"直角"或"锐角"转弯——反惯性。当飞机在做高速飞行转弯时，其巨大惯性使得飞行员头晕目眩甚至丧失知觉，因此当代机动性能要求最高的格斗战斗

机（如美国F-16），即使是训练有素且身着抗服的乘员，在短时间内承受最大的过载也只为8克，而且飞机本身的结构强度也无法承受太大的过载（如F-16的设计最大允许过载为9克），否则飞机将散架！但据目击观察，飞碟却可以在高速飞行时不减速，做"直角"或"锐角"转弯（这里当然不是真的直角，否则转弯半径为r＝0，则过载为无穷大，这将使任何飞行器及其乘员全都毁灭！）。当飞碟速度仅为v＝1马赫，实际转弯半径为r＝30米时，则相应的过载为372.65克，在如此巨大惯性力的作用下，飞碟的飞行照样轻松自如，但这却是任何地球人和人造飞行器都绝对

承受不了的！当它转过来90度时，所需时间仅为0.14秒，即在不到1/7秒的一瞬间内就完成了这一动作，这就在视觉上给人以"直角转弯"的印象。而在现代即使是速度为2～2.5马赫的高性能战斗机，在实际作战中也只能是在亚音速0.8～0.9马赫时才能取得最大转弯率为大约每秒13度，要转过90度则需6～9秒（这是上述0.14秒时间的49倍）。由此对比可见，飞碟的机动灵活性是飞机所无法比拟的，再加上其速度远大于飞机，这就难怪当有人想用飞机去跟踪飞碟时，结果总是徒劳，却往往反而被飞碟所跟踪。

特点四：能时隐时现。隐形时有以下几种情况：部分人能看见，而另一部分人可能看不见；人的肉眼能看见，而雷达却侦测不出来；有时眼见它降落在某地，但走近去看却什么也没有。总之它想让谁看，谁才能看。

特点五：发光。飞碟发光有单色不变光、多色随变光、常态光、固体光（即光束能任意收缩或弯曲，甚至出现锯齿状），有的光束有透视能力（即照射物体后能使其变成透明），有的能将人吸入飞碟，有的能使人瘫痪或致残。

特点六：有的有放射性现象。当飞碟在低空飞过或者着陆时，常会发现如使动植物灼伤、泥土不吸水、种子不发芽、母牛不产奶，或者使人恶心、呼吸困难、失眠、暂时失去知觉、中枢神经瘫痪或定身等现象。

特点七：有的有电磁干扰。在飞碟所过之处出现强烈的电磁干扰现象，使电气系统处于瘫痪。如工厂停电，仪表和雷达失灵，无线电通讯中断，车辆和飞机发动机熄火，导弹发射不出等等。等到飞碟远去以后，一切又自动恢复正常。

特点八：地球的武器对它束手无策。许多记载表明，无论是空军也好，还是高射炮兵也好，也包括最现代化的导弹，都同飞碟"战斗"过，试图用我们最强大、最先进的火力将飞碟击落，但都是一些没有结果的战斗，飞碟毫发无损，损失的却是我们人类的武器装备。对于飞碟而言，我们无论多么强大的军事攻击武器，都是显得太渺小可笑了。就好像是一个婴儿在同一个成年人打架，结果是可想而知的。

汽车形状的UFO

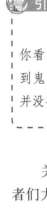

当对飞碟和外星人还不了解时，你看到它们，最可能的感觉是"我看到鬼了"。但在这个清朗的世界上，并没有"鬼"呀！

关于UFO，声称见过它们的目击者们大多数都认为它们是圆盘形的，但是在美国有人却曾经看到过一个形状类似汽车的UFO。事情经过是这样的：

1964年4月24日，天色已暗的新墨西哥州索可罗镇有一辆黑色的雪佛兰汽车以极快的速度由北向南急驰。下午5时45分，当这辆车以明显超速的速度通过警察局时，被罗尼·查莫拉警员发现，他马上坐上巡逻车追了上去。

雪佛兰轿车的速度一点也没有减慢的趋势，而以领先巡逻车三个车身的距离向郊外直驶过去。过了五分钟左右，两辆车子已经到了镇外。就在此时，查莫拉的耳际响起了震耳欲聋的声音，在他右前方1千米的天空中出现了明亮的火焰。查莫拉想到在那附近有一座火药库，该不会那座仓库爆炸了吧。查莫拉随即放弃追踪那部雪佛兰，而向着火药库急驰过去。巡逻车驶离了大马路，开进右边没有铺柏油的小径。因为火药库被丘陵挡着，所以无法肯定是否真爆炸了。

这条小路不仅崎岖难行，而且相当荒凉，查莫拉除了专心驾驶之外，根本没有时间看一下那些火焰。火焰的形状就像是个漏斗，顶部的面积是底部的两倍，长度有底部宽的两倍长。火焰几乎是静止不动的，一直在缓慢地下降着，而且没有冒烟。

此时查莫拉开始觉得有些不对劲了。如果是爆炸的话，不应该没有烟的，而且火焰根本不动，这更不寻常了。此时，轰轰作响的音量已逐渐降低。要到可以看到火药库的地方，就必须爬到丘陵顶上才行。由于坡度太陡了，他试了三次才爬上去，但声音和火焰也已经停止了。来到丘陵顶上之后，查莫拉一直保持警戒，朝前方慢慢开过去，因为他并不太清楚火药库的准确位置。

车的左边，即丘陵的南边是个下坡，下面是干河床。前进了十秒左右，他就看到那个发光体在河床上，散发着冷冷的光泽，距离大约250米。由车上看过去，很像一部后车厢竖起来的车子。他以为是有人在恶作剧，但马上他就注意到在那辆"车"的旁边有两个白色的人影。

那两个人身材瘦小，看起来像侏儒，全身穿着白色的衣服。就在查莫拉看到他们的同时，其中一个也回头看到了他的车子，很明显地对方也吓了一跳。查莫拉以为他们两人发生交通事故了，所以马上开车过去。当时他还没有仔细看过那两个人，但光体的样子却跟先前的印象不太一样，它是跟地面垂直的卵型，底部有好几只脚支撑着。

查莫拉一边开下山坡，一边跟索可罗警署联络。"索可罗2号呼叫索可罗警署，火药库附近似乎发生了交通事故，我现在要过去调查。"前进了数十米，当他停车时，那两个人已经不见了。查莫拉下了车朝卵体物走过去。这时听到了两三声像是大声关门的声音，每次声音的间隔是1秒或2秒。

到了距卵体物约三十米的时候，突然响起了轰隆隆的声音，就跟在追赶超速车时所听到的声音一样。声音由低到高，最后高到像是要震破耳膜一样。就在声响发出的同时，他看到物体的下方喷出了火焰。火焰中间部分宽约120厘米，是橙色的，没有烟，而火焰碰到地面的地方却扬起尘沙。

听到巨响又看到火焰，查莫拉

以为物体大概快爆炸了，连忙跑开，只是跑的时候仍一直看着那个东西。物体的表面看起来滑溜溜的，很像金属，没有窗户或门。而在它的中央部分，有一个很大的红色的图形。那是一个半圆形，圆弧朝上，在下面有一条水平线。这图形的长约60～70厘米。查莫拉一面看着物体，一面跌跌撞撞地去开车。在慌乱之间也来不及捡起掉落的眼镜，便头也不回，没命地向北急驶而去。过了五秒左右，他才回头看，只见那个物体已经上升到离地面三至四米的高度了，差不多跟车的高度一样。

查莫拉把车开下丘陵的另一面时，呜呜声忽然停止了。只听到"咻"的声音，最后便没了声息。查莫拉停下车来朝物体的方向望去。物体此时已平放过来，在离地四五米的距离以极快的速度往西南方飞去。当它经过仓库时（高2.5米）是绕过去的，此刻已不再喷出火焰了。

于是，查莫拉把车开回来捡了眼镜，眼睛一直盯着那物体，并且用无线电跟署里联络。而物体越来越高，也越来越远，最后终于飞过山头消失不见了。这物体在他面前发出响声和喷出火焰，至消失在山后，只不过数十秒的时间而已，但对查莫拉来说，经历这种恐怖又超出常识范围的不寻常经验，就好像已经过了好长的一段时间一样。接到交通事故报告的却贝斯警官很快赶过来了。当他看到查莫拉面无人色的脸孔时吓了一跳。

"到底出了什么事？怎么你好像看到鬼一样？""长官，我可能真的看到鬼了！"查莫拉有气无力地说着。

查莫拉概略地说了事情的经过，却贝斯感到很困惑。他不很相信这个一直深受信赖的部下所说的"看到UFO"或是"看到两个外星人"。但却贝斯也不认为查莫拉是在说谎，因为他慌张惊惧的表情是很不寻常的。

就在半信半疑之下，却贝斯跟着查莫拉来到了UFO降落的地点。在那里，他们发现有好几个新痕迹，这证明刚才真的发生了某些事情。干河床原本是一片草原，可是在物体着陆的地方却有一个圆形的烧焦的痕迹。特别是UFO的正下方中央部位的草，还冒着烟。而且UFO着陆时支撑用的脚，也在地面上留下了清楚的痕迹。

着陆时的压痕一共有四个，呈长椭圆形排列，深8～10厘米，宽30～50厘米，是U字型的，地面的土壤被压成了硬块。另外，在离压痕不远的地方，有四个直径10厘米左右的浅圆型凹洞。却贝斯查看后，越来越相信查莫拉所说的了。因为这些痕迹并不像是偶然或自然形成的。当查莫拉指着小圆孔说"这是外星人的脚印"时，他连摇头否定的自信也没有。这事件还有其他的目击者。后来有三件报告都是说在相同时间、相同地方，看到了查莫拉追踪黑色雪佛兰时所看到的情况。

通往地下的工具

引言

　　把飞碟看成什么，似乎都有道理。把它看成是天空的飞行器，是多数人的看法，但如果把它看成是通往地下世界的交通工具似乎也说得通。反正是未解之谜，那就公说公有理，婆说婆有理吧。

　　有一些科学家相信，在地球深处，有一个直径达160千米的巨大空洞，在那里，存在着另外一种不为地球人类所知的文明形态。

　　自古以来，探险家和科学家们希望在北极找到神秘大陆。因为传说在北极的某处有一个入口，传说中的古代北极部落就生活在那里。还有报道说，不明飞行物并非来自太空，而是从北极某处一个巨大洞穴中出来的。法国作家儒勒·凡尔纳在1864年创作了著名科幻小说《地心游记》。故事中老教授和其侄儿在一位向导的帮助下，经由冰岛一个沉寂的火山口，沿洞穴而下，终于抵达地心。

　　尽管这个故事不太可信，但人类对地球内部的探索从来没有停止过。从柏拉图时代起，人们就开始猜测地心处也可能存在生命。柏拉图认为，地球内部布满了隧道和空洞。

　　这种理论的科学论据之一是对地球表面面积和其重量的比较。这么大的一个球体，如果全部都是由石头构成，那它的重量就会比现在大得多。造成这种结果不外乎有下面两种情况：它或是空心，或是多孔。美国地球学家多利鲁认为，地球的中心绝非

泥浆熔岩，而是直径约160千米的空洞。

科学家埃德蒙·哈雷发现，地球磁场有时有轻微变化，这也暗示着地球可能有几个磁场同时存在。研究人员假设，地球内部很可能藏着另一个"地球"，有适宜的气候，独特的动植物，甚至存在特殊的文明等。他们认为，极光实际上是地球北极薄地壳处泄漏出来的气体。研究人员认为，空洞实际上可能存在于地表以下，很有可能位于一些石灰岩洞穴之中。

俄罗斯科学院院士奥列格·波加季科夫说："紧挨地球液化地核的下地幔中，有不少蓄有能量和岩浆状物质的大气泡。能量和岩浆积累越多，气泡便鼓得越大。在气泡里面，存在一些目前尚未研究透的非常奇怪的东西。"

一些研究者认为，地心文明可能是外星人的杰作，他们对于人类无休止的争战感到厌倦，于是移居地下，静观人类的发展。UFO并不是其他星系的来客，而是地下居民的交通工具。

俄罗斯自然科学研究院院士马克·萨迪科夫确信，北极地下没有供另外一个文明出入的洞口。反对"地球空心说"理论的科学家提出了三个理由：

首先，因为地下没有足够空间，缺乏氧气。第二，随着深度的增加，温度将大幅上升。在非洲，一个矿井深度超过一千米后，就必须关闭，因为里面温度太高。第三，即使地球内部有空洞存在，也只能在地球表面浅层地区，绝不会在超过地表以下三千米到五千米的地方存在，因为在这样的深处即使曾经有过洞穴，也将会被地球的高压所摧垮。

UFO隐形的秘密

 引　言

印度科学家的所谓发现，还只是一种假设和推理。如果能够揭开UFO隐形的秘密，那也就说明我们人类已经大大进步了。但是现在看来我们人类的自身力量还不够，还要像印度科学家说的那样，借助于"猫"或"狗"的科技力量。

印度科学家宣称已经发现UFO（不明飞行物）环绕在地球周围，却不被人类肉眼和雷达发现的秘密。那是因为UFO可能采用了一种高级隐形技术。印度国防研究和发展机构的工程师们正在对一个神奇设备进行实验，一旦实验成功，该设备就像"天眼"一般，让UFO无处遁形。

科学家们认为，电磁流隐形技术正是UFO不让人类肉眼发现的秘诀。然而一些动物却能够感觉到电磁流能量层变化，印度科学家怀疑，狗和猫或许能够感知到UFO的存在，但它们却无法表达看到的一切。

印度科学家宣称，他们发明的一种可以穿透电磁流的设备将会让UFO无所遁形。印度科学家称，当一架UFO进入地球大气层时将不得不从超常的宇宙飞行速度转变为超音速或音速左右，以便适应地球电磁场和重力的影响。为了避免电磁冲突，UFO上的人造电磁流将可能短暂地关闭一会儿。当UFO的速度调整到适应在地球大气层中飞行的时候，人造电磁流将再度启动，使它再次达到隐形的效果。这一现象或许能够解释为何许多国家的空军飞行员驾机追踪UFO时，不明飞行物会突然在眼前消失。

陀螺状不明飞行体

引言

既不像飞鸟，也不像昆虫，说不清楚的神秘东西。既然有价值，不妨深入分析研究，如果没有价值，就丢在一边也可。反正这样的不明飞行物多的是！

龙泉山抓拍风景，无意间竟拍下不明飞行物！成都市民杨明发展示了自己拍下的照片，照片右上方确实有一个陀螺状的黑色物体。杨明发怀疑这个神秘物体就是传说中的UFO！

这个陀螺状的飞行物是44岁的杨明发发现的，他是建筑公司的一名员工，家住龙泉山下。据杨明发介绍，那一天艳阳高照，他独自开车上龙泉山欣赏风景。行至龙泉驿区第一人民医院时，交通堵塞，他将车停在医院里，独自沿住院部背后的小路上山。走到半山腰，杨明发见面前景色秀丽，便拿出相机拍摄。

"当时我觉得面前有一个东西一闪而过，速度非常快！"杨明发说，他举起相机按下快门的瞬间，余光感受到了神秘物体从面前闪过，但并没有听见声音。回家后，杨明发将上午拍的照片在电脑上放大，居然发现右上方有一个陀螺状的黑色物体，主体为椭圆形，中间还有一根棍状物体。"当时我是三张连拍，前后间隔只有两秒，只有最后一张抓拍到了神秘物体，可见它的移动速度非常快。"杨明发称，自己年前就曾亲眼目睹过奇异现象，当时他家住新都石板滩，大年三十晚上，他在家背后的山坡下看到一团橙色椭圆形物体飞速由地面升空，消失在云层中，吓得他一身冷汗，这一经历他至今难忘。他怀疑照片中的这个黑色不明飞行物，很有可能就是传说中的UFO!

"目前发现的一些关于UFO的照片，大体分为两类：一类是UFO的影像非常清晰，但很容易让人怀疑照片作假；另一类照片是真实的，但非常模糊，无法认定照片上的神秘物体究竟是什么。"成都市UFO研究会秘书长杨佛章采用专业软件对照片进行了分析，各项数据显示，照片并没有做过修改。

中国UFO研究第一人查乐平先生也正好来到成都，杨佛章邀请查乐平博士再次对照片进行研究。据杨佛章介绍，查乐平在美国获得物理学博士学位，目前在美国业余从事UFO等方面的研究。查乐平博士分析称，从照片上看，神秘黑色物体正在高速移动，但是很难看出它的移动轨迹和方向。其次，神秘物体中间有一根上下垂直的棍状物体，但其并不在椭圆形物体的几何中心，而传说中的UFO的几何中心一般都是平衡的。查乐平博士认为，从照片上看，不排除黑色神秘物体是某种飞行动物的可能，但其外形既不像鸟，也不像昆虫，这一点让人难以琢磨。照片看久了以后，觉得确实有研究价值。他认为，应该对这张照片进行存档，如果发现在同一时间有其他照片，或者有目击者目击相同物体，照片的意义和研究价值会更大。

对于杨明发讲述30年前目睹的奇异现象，杨佛章怀疑可能是看见了烟花，杨佛章分析称，杨明发在目睹奇异现象时刚好是大年三十，石板滩靠近成都城区，虽然当时经济发展没现在发达，但已经有不少单位和个人在燃放烟花。

英国客机与不明飞行物

引　言

　　在天空中飞行的各种稀奇古怪的飞行物，如果不是人类操纵的，那一定是"天外来客"。这样解释最明了简单不过了。但这些"天外来客"究竟是什么，它们来自何方，也许我们暂时还无法弄清楚。

　　1954年7月1日晚8点，一架英国海外航空公司的客机从纽约飞往伦敦，当它飞到距拉布拉多尔半岛的普斯湾3.6千米的上空时，机长霍华德突然看到飞机左前方有很多黑色的物体，飞舞于苍穹之间。当时飞机高度6.5千米，这些黑色物体与飞机基本保持平行，并始终保持着8千米左右的距离。机上所有工作人员和乘客也看到了这些奇怪物体，副机师李波德立刻用无线电询问克斯机场：这条航线的近旁是否还有正在飞行的飞机。

　　答复是："连一架也没有。"

　　"难道它们就是所谓的飞碟？"

　　大家惊奇地小声争辩起来，然而看它们的形态又似乎不对。这些物体的排列十分古怪，中央是一个巨大的物体，四周则有六个小物体，一先一后地护拥着它飞舞着；更奇怪的是，中央那个巨大物体，竟在不断地一伸一缩，大小不定。至于它四周簇拥的小物体，由于形体太小，不能确定是否有变化。

　　这时，虽然太阳已沉下地平线，

然而天空仍相当明亮，能见度非常良好，在低空只有些微量的云层。

李波德向机场报告发现了古怪物体，机场答应立即派机展开搜查。但机场的飞机还未升空，那些原与飞机一直保持着相当距离和速度的怪物体却突然逐渐远去，仅一两分钟就已完全消失。从机长霍华德发现这些古怪飞行物到它们自行消失远去，共历时约18分钟。

客机终于平安飞抵伦敦，有关古怪飞行物的消息随即不胫而走。新闻记者蜂拥而至，对机组人员及乘客进行采访。这类报道占去了当天伦敦各日报的大半篇幅。在接受《伦敦纪事》报记者访问时，霍华德机长这样评述道：

"由不断的变更形状这一点来看，这些古怪物体不可能是金属制的。从飞行情况来看，其飞法并不像编队飞行。用形象点的话来说，倒像是六只小鸟包围着母鸟飞翔。但可确定的是，它们根本不是鸟类。世界上没有飞行时速达450千米的鸟类，况且还在6.5千米的高空。"那么，这些古怪飞行物是什么?谁也不敢确定，最无懈可击的答案大概是：天外来客。这至今仍未能得到论证。

天降火球

引 言

　　天空中出现火球已是不多见，但这种火球实属罕见，也许目前仅此一例。火球不仅能上下飞行，更能与地面平行飞行。火球由金属结构构成，目前在地球上无论如何也找不到相应的生产工艺加工出来。这就奇怪了。它究竟是来自哪里呢？

　　事件发生在1986年2月28日晚，俄罗斯远东的达利涅戈尔斯克市郊。当时，有两个班的中学生正在辅导员伊万诺芙娜老师的带领下在郊外的一个少先队之家进行天文观测，大家正围在一部自制的天文望远镜的周围，轮流观看夜空中的星斗。突然，一个叫尤拉的学生惊叫起来："快看!天上飞过来个火球。"这时，伊万诺芙娜老师看了一眼飞过来的火球，又看了一下手表：当时正好是19点55分。

　　尤拉的惊叫声还没落下，大家就早已把目光投向天空：只见一个直径约三米大的火球从师生们的头顶一掠而过。大家惊异地发现，这个火球呈圆球状，既没有突出部分，也没有凹陷，红得恰似一轮初升的红日。令人迷惑不解的是：火球并非垂直于地面或与地面有一定倾角从天而降，一开始它就从该城的西南方向飞来，飞行时平行于地面，然后缓慢地上升，后来又降低飞行高度向北运动了六次，沿地平线连续飞行时间长达一小时。当火球接近一个叫"611高地"之前向上来了个仰飞，然后一头撞到悬崖上。

　　更奇怪的是，在现场亲眼目睹这一奇观的师生们都以为在火球撞上悬崖的一瞬间，肯定会发生一场大爆炸，但出人意料的是，火球陨落到岩石上的一瞬间，只听到微弱而低沉的

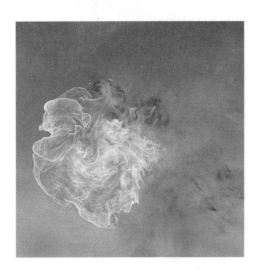

撞击声，悬崖上受撞击的岩石迅速发光，其光亮度跟电焊时产生的弧光差不多。

事发后，科学家们奔赴火球陨落现场，进行了两昼夜的调查，并对这一事件提出种种假说和推断。有人认为，这是自然界中发生的一次极为罕见的球状闪电现象；还有人认为，它是一颗年久老化的人造卫星，偏离运行轨道后，掉入大气层烧毁坠落到地上。一些权威学者却倾向于这样一种观点：天降的火球很可能是外星人向地球发射的一个探测装置，失控后掉到地上。因为历史上曾有过类似天降火球的史实：1873年6月的一天，奥地利、匈牙利和波兰的天文学家同时观测到从火星上向地球方向射来一颗"火弹"，它却在地球的外大气层中爆炸了。

几年来，科学家们围绕着"天降火球究竟是何物"的问题展开争论，真是众说纷纭，莫衷一是，故此谜久悬未揭。前不久，超自然现象研究会的专家们与各国知名学者合作，重归"611高地"再度深入细致地进行调查和研究。科学家们在火球陨落现场除发现被火掸碎的许多岩石碎块外，还发现几种奇特的残留物——令人费解的小铅粒、离奇古怪的小铁珠、变幻莫测的泡孔物……

科学家们在火球陨落现场共发现总重约70克散落的铅合金球粒，其直径最小的0.5毫米，大的可达3～6毫

米。在发现的这些铅粒中，有四颗铅粒呈边缘锋利的不规则六边形，重量最大的约2克。看上去是些熔化过的金属，其形状与结晶铅毫无共同之处。大部分铅粒呈水珠状，这说明，铅粒是从地球上空的一定高度熔化后散落下来的。

铅粒的成分比较复杂，许多铅粒是纯金属铅，而有些铅粒的主要成分却不是铅，而含有大量杂质，而另一些小铅粒中则含有8～17种元素，这些元素中有稀土元素镧、镨、铈、钕、钨……甚至还有钇元素，而大部分成分是碱金属元素——钠和钾。

科学家们通过电子显微镜对这些小铅粒的内部结构进行观察发现，几乎所有的小铅粒都具有通向其内部的小孔，这些小孔可能是人工机械加工而成的，又像是从飞行器的发动机中喷出来的，总之，铅粒内部的小孔很可能是由于其内部沸腾的金属发生一种"爆炸"后外表迅速冷却形成的。

此外，在现场还发现总重约30

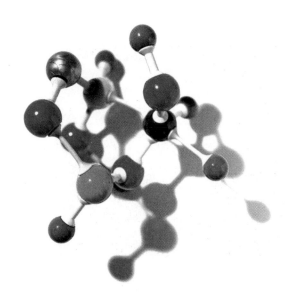

外，在小铁珠的金属成分中还发现有镁、铁、镧、镨、钕和铈。

在显微镜下对小铁珠的细微观察发现，它在结构上很像生铁，铁和镍这两种元素是以独特方式立体分布在合金结构中。此外，在现场还发现一块总重850毫克最大的凝聚物，它是由四块烧焦的物质构成的。

在火球陨落现场发现的第三种物质就是一种变幻莫测的泡孔物。这种物质因充满各种各样类似海绵的小

克的离奇古怪的小铁珠，直径2～6毫米。绝大多数小铁珠也呈水珠状。科学家们通过进一步地研究确认，这些小铁珠并非是用普通工具所能制造出来的，其硬度相当大。最初，科学家们试图用普通工具将小铁珠砸碎，以便进行化验分析，但未能成功。于是，又用钻头去钻，也没钻动。后来，又改用锉刀对其加工，还是不行。最后，用最坚硬的金刚石刀具，费了好大劲儿才对其进行了强行加工。研究证明，这些小铁珠特别坚固，其强度简直令人难以置信。

科学家们采用目前世界上最先进的日本X射线显微分析仪，对小铁珠的化学成分进行了化验分析，结果表明，小铁珠的构成非同一般，化学成分极为复杂，它是由稀土元素炼制的多种合金构成的。构成小铁珠的第一组成分是铁与合金元素铝、锰、镍、铬组成的化合物，第二组成分是铁与合金元素钨和钴组成的化合物。此

孔，故得此名。这是一种黑色发脆的类似玻璃一样的物质。这种泡孔物却使研究它的许多科学家困惑，甚至使科学家们的研究走进死胡同。科学家们惊叹道："这究竟是何物？眼下实在令人费解。它像碳素玻璃，但生成条件却尚不确知，它有可能是在普通火灾中生成的，但也有可能是在超高温条件下的产物。"考虑到空气中的碳与孤立存在的金属原子化合的可能性，这种泡孔物在一种材料中具有一系列重要性能。科学家们对其实验的结果表明，泡孔物经过液态氮的"沐浴"后会被拉向磁铁一方，即表现出同玻璃陨石相类似的超顺磁特性，在常态下能生成绝缘体，稍一加热便可生成半导体，若在真空中加热则生成导体。在显微镜下观察，尽管泡孔物的外表根本不发生变化，而且既不熔化，也不气化，即使在高浓度强酸中也不溶解。奇怪的是，这种泡孔物在真空中虽能耐受住3000℃高温，但是，它在空气中的温度一旦达到900℃时就会立刻燃烧起来。它还含有金、银、镍、镧、镨、钠、钾、锌、铜、钇等元素。

最令人费解的是，对泡孔物进行真空加热后，它内部原先所含的金、银和镍元素不仅突然不翼而飞，而且又神奇般地出现了原先所没有的钼元素。要知道，化验分析时，泡孔物中的小孔十分纯净，这后来出现的钼元素又是从哪儿来的呢？

科学家们认为，火球在近地空间的行踪如此离奇古怪，无论它是自然天体还是人造天体都是令人难以置信的。亲眼目睹这一奇观的中学生们对火球飞行和陨落全过程的观察结果曾一度被认为是肉眼观测有误。可是，当科学家们进行实地考察和研究后，学生们的目击报告却被科学家们的实验结果所证实：火球撞击到悬崖上后，它曾试图起飞离开那里，实际上，它缓慢地向空中升浮了一下后便

一头坠落到悬崖上。

科学家们通过研究确认，合金只有通过高级智能生物的人工控制并按照特殊的专门工艺技术才能制造出来。因此，关于"611高地火球陨落物是天然来源的"种种假说均被举世公认的物理学和化学定律所推翻。如流传关于"该陨落物的来源是等离子粒团，即能从空气中吸积各种金属的等离子粒团和球状闪电的凝聚物"的推断，也成了不切实际的荒诞之谈。更令人置疑的是，等离子粒团怎能瞬间从空气中吸积约100克（70克铅和30克铁）金属。大量的检测、实验和研究结果表明，"天降火球"的金属遗物是用近似于美国生产合金的那种工艺技术制造出来的特种合金。

科学家们借助电脑计算结果表明，要在火球飞行10千米的距离内能聚积等离子体凝聚物和数量如此之大的金属，那么空气中的金属浓度即空气中铅和铁的浓度必须超过极限值的四千倍，即空气中的金属浓度必须像稠密的大雾一样才能办得到。冶金专家们认为，如此高的金属浓度即便在冶炼炉内的空气中也不可能达到，况且在达利涅戈尔斯克的空气中要达到这一金属浓度就更不可思议了。

"611高地"火球陨落物中的特种合金究竟属于目前世界上哪一种金属结构或合金，科学家们不确知，而且很难预推制造这种合金可能采用的工艺方法以及它们的名称及其物理性状和化学性能。不过，科学家们对天降火球研究的结果，彻底推翻了关于"火球是球状闪电、线状闪电、人造卫星、运载火箭、日本探空仪的残骸等"种种假说和推断。

科学家们认为，天降火球可能是在611高地遇难的一个UFO的残片，它根本不是什么转瞬即逝和虚无缥缈的UFO现象，更不是臆想或幻觉的产物，而是留下了实实在在的物证。它还可能是地球外高级智能生物为了研究和监视我们地球人类向大气层中施放的一个遥控探测装置，他们的科学技术要比我们先进而发达得多。

神秘的水下"飞碟"

引　言

"怪影"潜艇早在1905年就出现了，以后又多次出现，搞得东西方关系颇为紧张。看来在人类现有的军事力量之外，还有一种我们尚未认知的"军事力量"，而且其武器装备的性能远远超过我们人类的。

早在二次大战末期，战火未熄，德军占领区仍旧硝烟弥漫。德国纳粹头目还尚未来得及逃往阿根廷和叙利亚去躲避应得的惩罚，通讯社就已报道过世界各地曾出现来历不明的"怪影"潜艇的消息。美国海军曾动用潜艇仔细搜寻，特别是对太平洋水域。可是，各种搜寻都毫无结果。最初，有人推断，德国潜艇就像"孤狼"，在世界各大洋水域四处流窜。但这种推断很缺乏逻辑道理——因为潜艇是需要补充柴油燃料的，还需要补充可供60名潜艇乘员用的食品，当然还需要许多其他补给品。再者，对于一个已覆灭的纳粹德国的潜艇来说不可能在浩瀚的海洋中长期续航。

对"怪影"潜艇的发现往往是杂乱无章和偶然的，但也是经常性的。20世纪40年代，在太平洋水域常发现这种"怪影"潜艇。道格拉斯·马卡杜尔将军也获得过有关这方面的情报；他退役后，在答记者问和发表的谈话中，经常表明他的立场是：不容许任何侵犯国家利益的敌对东西存在。1958年，在国际地球物理年会，海洋考察船的研究人员通报了发现一些巨大不明潜水物的消息。这些不明潜水物在大洋中横冲直撞，以令人难以置信的速度运动，并能在望尘莫及的深度上潜航。有些不明潜水物还在洋底留下类似军用坦克履带一样的痕迹。

20世纪60年代，在从澳大利亚到阿根廷的广阔水域里曾多次发现不

明潜水物……它们有时是整体亮相，有时只暴露出"指挥台"和"潜望镜"。海军艇员通过声纳和其他检测仪测定出它们的位置。后来，这些不明潜水物又开始在遥远的斯堪的纳维亚峡湾，也就是瑞典和挪威的沿海一带出没，而且当时正值国际局势十分紧张之时。

1987年12月，美国洛杉矶周刊《丛刊大观》发表了题为《阴险的'小东西'又回来了》的文章。文章讲的是关于苏联小型潜艇的事。一些研究人员的手中掌握了来自南非、联邦德国和美国的资料。他们仔细研究了全部资料后，倾向于西方研究人员关于"不明潜水物是苏联潜艇"的说法，因为当时的苏联潜艇是按照二次大战中海军的小型潜艇的样式制造的，而且苏联潜艇潜入过世界各国的港口。从1964年起，这些神秘潜艇就已侵入斯堪的纳维亚水域，尽管有的

消息报道过更早发生的这些事件。

美国研究人员仲·基勒所掌握的资料否认了这一说法——斯堪的纳维亚的不速之客并不是苏联的小型潜艇。1985年底，在巴西领海的海底又发现那种令人迷惑不解的"履带痕迹"，而且这些"履带痕迹"跟当时在美国旧金山附近海底发现的履带痕迹一模一样。两年后，研究人员收集了关于苏联小型潜艇的资料，发现西方军界对苏联小型潜艇还知之甚少。研究人员根据二次大战期间的资料来评估不明潜水物是否是苏联小型潜艇的可能性。当时的小型潜水器有三种：车式潜水器，有人驾驶式鱼雷形潜水器和小型独立式潜艇。据说，20世纪80年代，这种潜艇上装有一种鼻首式开路装置，它能在海底做搜索式航行直至菲律宾。

研究人员并非完全否认前一种说法，同时引证了美国研究特异现象、严谨而精明强干的专家基勒的资料。早自1930年起，在不明潜水物（USO）现象出现之前，有关不明飞

行物（UFO）的报道就已震撼到北极地区。在瑞典和挪威僻远的乡村，村民们曾发现过一些来历不明的神奇飞机在极恶劣的天气里低空盘旋。报界把这些不明飞行物称作"幽灵鸟"。报界总是指责莫斯科说，布尔什维克在玩鬼把戏，但是，就连苏联军界也发现过这种不明飞行物。军界人士对这种无法解释的现象恐慌不安，因此，苏联的一个空军部队被调到科拉半岛。据说，1934年，苏联各加盟共和国的军用飞机都被调到科拉半岛，试图截擒这些"不速之客"。就在那些年间，在远东地方的封冻水域也曾发现过一些神秘的不明潜水物，它们像不明飞行物"幽灵鸟"一样，能轻而易举地逃避追踪。

1972年，那些"幽灵鸟"又飞回来了。这次，它们看上去像是一些没有任何识别标志的黑色直升机，在峡湾上空盘旋。1972年秋，挪威海军确信：至少有一个或几个不明潜水物中了他们的埋伏。事件发生在挪威境内的松恩峡湾水域。挪威海军在这里投下几颗深水炸弹，为的是将这些不明潜水物驱逐出水面。当时的所有欧洲人都从各大报纸上看到过有关的消息报道。海军连续忙乎了几天驱赶不明潜水物。就在这时，不知从何处又钻出一些神秘的不明飞行物，它们在挪威海军上空盘旋，突然，挪威军舰上的所有电子装置都同时发生故障。其实，不明潜水物早已从峡湾中逃之夭

天。挪威政府就因这一事件差点儿倒阁。

瑞典和挪威政府确认，在他们的领海里胡作非为的并非别人，正是苏联潜艇。可是，有些东西就连苏联人也不清楚。莫斯科曾一度收到一份份义正词严的警告性照会。莫斯科对此却全盘否认。可是，每年发生的类似事件与日俱增，平均年发案次数为12至20起。一些不明飞行物还侵犯了斯堪的纳维亚的领空。当时，苏联和瑞典的关系极为紧张。1976年，基勒亲眼目睹了这一场面：瑞典和挪威的歼击机在领海上空盘旋侦察，它们好不容易搜寻到几艘潜艇。斯堪的纳维亚海军在"怪影"潜艇经常出没的战略要地施放了水雷。可后来，这些水雷却不翼而飞……

此外，海军也曾向一些"怪影"潜艇发射了技术上无与伦比的最现代化的"杀手"鱼雷。但出乎意料的是，这些命中率极高的反潜鱼雷不仅

没爆炸，反而消失得踪影皆无，可这件事到最后才被发现……从那以后，一些委员会举行的国际性会议再也不把苏联人同这些事件牵连到一起了，而苏联也从未承认这些是他们干的。莫斯科确认，这些事实是故意歪曲的，关于"苏联破坏和侵犯斯堪的纳维亚国家领海"的传闻更是蓄意捏造的。

1981年10月27日，一艘无识别标志的潜艇在距离对瑞典海军毫无战略意义的两个军事基地约26千米处的鲁姆斯卡尔搁浅。这艘潜艇是苏联"乌伊斯基"型潜艇，艇长发誓申辩说："潜艇导航仪出了点怪毛病，从而让我在计算上犯了个大错误，我本打算在丹麦附近海域停泊。"这一事件引起世界新闻界的注目。事实上，苏联船只的当场落网，不明潜水物之谜就算暂时被揭开了。可是，当不明潜水物又在斯堪的纳维亚水域复现时，莫斯科又发表声明：这些潜艇不是苏联的。

基勒曾宣布：1985年，苏联政府曾公布一个案发目录表，上面列出了发生在苏联领海内的90多起不明潜水物事件的目击报告。瑞典军界便开始认为，是某种"第三势力"或某一个帮派集团要对这些神秘事件负责。从那以后，莫斯科很少受到指责。1992年苏联解体，强大威严的"苏联海军"也随之分化，军舰和潜艇被封存。这样一来，苏联海军还能再去瑞典水域吗？1992年2月19日，瑞典武装部队总指挥宾特·古斯塔弗逊举行记者招待会宣布：不愉快的事件将一去不复返，俄罗斯首脑很快将苏联的秘密专案文件公之于众。事实上，这段历史可能就此结束。后来又发生了什么？1992年夏，发生不明潜水物事件的报告像往日一样有增无减。

一次，一艘"怪影"潜艇竟然在光天化日之下，在瑞典海军举行的一次军事演习上公开露面。不明潜水物和不明飞行物又开始令人烦恼地入侵斯堪的纳维亚的领海和领空。俄罗斯政府仔细审查了所有专案文件，没找到任何关于苏联潜艇进入斯堪的纳维亚水域的消息和报告。再说，俄罗斯没有任何理由渗透到那么远的峡湾。

此文结束时想补充一句话让大家深思：有关"怪影"潜艇的报告早在1905年就已经有了……

驰骋海天的怪物

引 言

　　既是潜艇又是飞机的东西，还没有被地球上的人类制造出来。可是这样的怪物却实实在在地被我们人类的海军官兵见到了。目前人类的潜艇极限下潜深度不超过1830米，可是为什么却出现了在短短几分钟内下潜深度6100米的超深海潜艇？它们是哪里来的怪物来向我们人类的海军力量示威？难道它们是上帝制造的吗？

　　美国太平洋舰队官兵，曾不止一次地在太平洋某些水域上空目击到一个会"分身法"的圆柱形UFO。令人惊异的是，从这些分裂后的圆柱形UFO中还飞出更小的UFO，它们能钻进大海，然后还能从海里再飞驰返回原来的圆柱形UFO中，转瞬间便消失得无影无踪。科学家们认为，按照我们地球上的理解，那个最初出现的巨大的圆柱形UFO实际上是一个载有许多小型飞碟的外星飞碟母船。这些出没于海天的怪物被飞碟专家称作USO（即不明潜水飞行物）。

　　1963年，在中美洲波多黎各沿海

还曾发生这样一起令人费解的事件：美国海军在这里举行一次军事演习，参加这次演习的有一艘航空母舰、五艘护卫舰，还有几艘潜艇和飞机。参加演习的所有潜艇都处在无声无息的行驶之中，突然，一件完全意外的事情发生了，一艘护卫舰上的声纳员向驾驶台报告："一艘潜艇的运行状态出现异常，同时发现海底有一不明物体跟踪。"当然，声纳员也搞不清这究竟是什么目标。最初他判断，像这种军事演习通常都要暗设一些"陷阱"之类的假目标。可是问题是，根据仪器显示，这一水下不明物体的潜航速度达到150节，即280千米/小时。实际上，这是不可能的，因为最先进的现代化潜艇的最大潜航速度也不过45节。

这片广阔水域神出鬼没地活动着，与此同时，美国海军舰只和飞机在跟踪这一不明潜水物的同时，接收到它发出的信号。抑或相反，不是美国军舰和飞机跟踪不明潜水物，很可能是不明潜水物在跟踪美国舰船。然而，这还并非是事情的全部。根据声纳员的报告判断，这个不明潜水物能在短短几分钟内下潜到6100米的深度，换言之，它既能水平又能垂直地做机动性潜航。须知，这是目前地球人类制造的任何一种现代化水下舰艇所做不到的，更不用说现代化潜艇的极限下潜

值班军官立刻向军舰指挥官报告了此事。与此同时，他立刻又同指挥舰进行无线电联系，但令人费解的是，他们之间的无线电联络却纷纷中断，而且，其他舰艇同航空母舰之间的无线电联络也中断了。这次演习，至少在13艘潜艇和多架飞机的《随航日志》中出现通过声纳发现来历不明的"超高速潜艇"的记录。美国海军大西洋舰队指挥部也纷纷接到与之雷同的报告。然而，参加这次演习的军官、技术专家和其他人员证实，他们亲眼看到荧光屏上出现的信号，大家一致认为，根据这些信号的性质判断，这个水下不明潜水物有一个唯一的螺旋桨或某种类似螺旋桨一样的推进装置，它能以150节的速度潜航。

那个不明潜水物与美国潜艇之间的这种"猫鼠式的游戏"连续进行了四天。四天中，这个不明潜水物沿着

深度不超过1830米了。就连为超深潜水考察专门制造的"三叉戟"号探海艇，在马里亚纳海沟也不过创记录地下潜到10919米，而且为不使探海艇受损，用了4～5个小时才完成这一下潜深度。可是，那个不明潜水物从水面下潜到6100米深度却仅仅用了几分钟时间！科学家们认为，这个神奇的不明潜水物很可能来自另一个世界。

另一次，在北大西洋举行一次秘密代号为"基普·弗里兹"的海军演习，参加这次演习的一艘破冰船上的著名北极专家维列尔博士以及另一名驾驶员和值班军官，都成了另一起特异事件的见证人。事情发生在傍晚，当时，维列尔博士正站在破冰船的甲板上，这时，他突然发现从水中钻出一个怪物，它犹如一颗巨大的银灰色炮弹，撞碎三米多厚的冰层后，便瞬间消失在天际。被水下怪物撞碎的巨大冰块被抛向空中几十米高，破碎的冰块又从空中落到浮冰山上，冰山立刻被砸出一个大窟窿——下面的海水翻腾着一涌而上，瞬间内从冰洞里冒出几股大气柱，像是刚才发生那一过程所产生的巨大潜能所致。

穿透冰洞的飞行物

引 言

科尔普湖留下了太多的谜团。穿透冰洞的巨大力量哪里来的？黑色颗粒的合金究竟是什么？大土坑为什么尺寸如此规整而土坑的残土又找不到？"绿宝石"冰块是从哪里来的？十几年后土坑里为什么会长出茂密的小树，而周围却连一棵小草都没有？这些真是令人费解啊！

一个叫费·勃洛茨基的俄罗斯护林员亲口讲述了他的一段非凡经历。1961年4月27日晚9时，他路经科尔普湖岸，然后在离这里七千米的一个护林站住了一夜，次日凌晨他又返回去。当他踏上归途再次路经前一天经过的那条湖岸时，突然发现湖岸旁新出现一个大深坑，前一天晚上他经过这里时这个坑还没出现。这突如其来的大土坑长27米、宽15米、深3米。须知，要在一夜之间挖出如此大的土坑，必须有六台大马力挖掘机连续作业一昼夜。这个大土坑的底部几乎与湖水毗邻。再往前走还发现一个与土坑的形状相似，像是用一种巨大而相当沉重的奇特工具瞬间挖出来的，因为大土坑的底部泥土变得十分坚实而光滑，似乎有一个强大有力的金属器物从坑底通过。

负责调查这一事件的军事专家组组长阿·卡拜金少校认为，好像有一种巨大的平底铁犁从这里犁过，然后就形成了这个宽15米的沟堑。穿透湖冰的那个冰洞似乎是这个大土坑的延续。通常，在这种情况下，被弄碎的大块湖冰应浮在水面，可这里的水面只有极少的小冰碴，那么，其余的大冰块哪里去了？而冰洞周围的湖冰却完好无损。

令人困惑不解的是，在大土坑的周围连一点"挖"坑时留下的散土痕

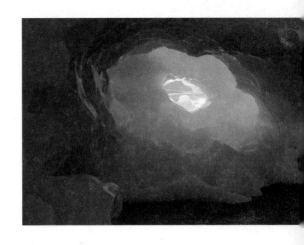

迹也找不到。如果要掘出这样的大土坑至少得有一千立方米散土。

于是，潜水员潜入湖底准备对大土坑的底部进行考察和研究。最初，专家们估计，这可能是采用纵向爆破技术形成的大土坑，便千方百计地寻找其留下的痕迹和证据：哪怕在坑沿上能找到被烧焦的野草或爆破时散落的泥土也可以作为证据，但令人费解的是，这一寻找却一无所获，连一点儿类似的物证也没发现——既没找到一棵烧焦的野草，也没找到一点儿散落的泥土。

后来，专家们又来到湖面上考察，他们发现水面上漂浮着一团团灰色泡沫，再仔细一看，这些泡沫中还有一些黑颗粒，这些黑颗粒像是被火烧过一样，很脆，用手指轻轻捏就能将其碾碎，它们似乎是空心的。后来，专家们在湖面漂浮的冰碴中还发现另一种叫人琢磨不透的纤维物质。

这种物质被送到圣彼得堡工学院进行研究，对其化学分析表明，这种纤维状物质中含有镁、铝、钙、钡和钛。

研究人员对这些黑颗粒进行显微镜分析和研究表明，它们具有金属光泽和结晶的金属结构，而且不溶解于任何一种酸。因此，专家们得出一个结论：这些黑颗粒是无机来源，看来不是自然形成的，它们只有在一种高温过程的条件下才能生成。

专家们在发现这些黑颗粒之前，潜水员浮上水面报告说："在湖面出现冰洞的湖底发现一层散落的泥土，下方还发现一些碎冰块。"看来，这一大土坑的形成过程犹如闪电般之快，乃至被压入泥土中的冰块还未来得及浮上水面就沉入湖底，所以，在湖面上丝毫找不到散落的泥土和冰块的痕迹。此外，潜水员在湖底考察时，还发现一条20米长的不明辙迹，在这条辙迹的边缘形成一条高1.5米的

圆棱状土隆凸，它好像是一种管状物沿湖底运动时留下的。而在湖面冰洞范围以外的湖底却仍完好如初。

潜水员在湖底考察时，还发现一块微小的片状物，它厚1毫米，长20毫米，宽5毫米。研究人员对这一片状物所进行的光谱分析和化学分析表明，它是由铁和硅构成，但尚未发现它具有较强的放射性。

当潜水员浮上水面时，偶然碰翻了一块浮冰块，这一被弄翻的浮冰块却使在场的全体考察人员大吃一惊：他们发现这块30厘米厚的浮冰的下半部分呈鲜艳的绿宝石颜色。接着，研究人员又连续翻开几块浮冰，结果它们的下半部分都呈鲜艳的绿宝石颜色。可是，当研究人员把湖面其他地方的冰砸碎几块后，却没发现这种颜色。

于是，研究人员把几块"绿宝石"冰块运到圣彼得堡一个实验室进行研究，专家们对其化验和分析后得出结论：这些融化的"绿宝石"冰水中所含的某些成分是无法解释它们为什么具有这种绿色的。

然而，这还并非是未解之谜的全部。潜水员确认，散落到湖底的泥土量远远少于挖成此坑应有的土方量。

况且，无论在大土坑周围还是在冰洞周围，连一点儿泥土也没发现，那么，从坑里取出的绝大部分泥土都哪里去了？难道不翼而飞了吗？

另据护林员弗·勃洛茨基介绍，那天早晨，当他亲眼看到这个神奇般的大土坑并着手进行调查时，离这里三千米远的邻村居民在这方面向他提供了许多佐证：那天早晨约8时许，一个圆球以极低的高度贴近地面飞行，然后不知怎么又来了个俯冲飞行和急转弯。顷刻间，目击者们听到一声撞击地面的声音，奇怪的是，这个神奇的物体并未被撞毁，它又以极低的高度继续飞行，既不改变飞行方向，又不改变飞行速度，一会儿便消失了。

这个不明飞行物的大小跟一些大型飞机差不多，飞行时无声无息，当它俯冲和急转弯时却能清清楚楚听到它撞击地面泥土时发出的碰撞声。

又据另外25名目击者介绍，这个撞击地面泥土的飞碟呈蓝绿色，飞行时曾出现从一侧轻轻摆向另一侧的姿态。

当然，以唯物主义为基础的官方科学是无法接受一系列具有神秘色彩的解释的，于是，便开始提出与地球本身有关的一系列假说和推断：是陨星？闪电？溶解陷穴现象？

不过，类似假说和推断无一得到证实。然而，圣彼得堡大学的学者根据大土坑、土壤所处地理位置及其他因素的特点，颇有说服力地驳倒了上述类似推断和假说。倘若置此次事件众多目击者的报告而不顾，还忘记了地球上"被窃"的一块土地，并认为潜水员搞错了，无论用哪种塌陷现象，还是闪电现象都无法对湖底留下的奇怪辙迹做出解释。

关于大土坑是陨石留下的推断遭到圣彼得堡天文学家的驳斥。为此，专家们又重返出事地点进行第二次考察和研究，终于得出无可置疑的结论：这个撞击地面的不明飞行物不可能是陨石，其理由是：第一，假如是坠落的陨石，它必然陨落后在地上留下陨石坑，这个长宽高尺寸规整的长方形沟堑无论如何也不能说成是陨石坑吧，而且，其形成角度更加排除了与陨石有关的可能；第二，陨石坠落后在地上形成的陨石坑约是其陨石大小的二至五倍，甚至连一千克重的陨石对天文学家来说都是一次瞩目事件。假定这个大土坑是陨石坠落后形成的，那么在现代化观测技术和手段十分发达和完善的今天，如此之大的陨石陨落都发现不了——这怎么可能呢？然而，科学家对那个大土坑的多次仔细考察和研究证明，那里丝毫没有陨石陨落后留下的熔化痕迹。况且，陨石陨落时，绝对应产生易辨的视听效应。然而，发生这次事件时，却丝毫没有听见陨星陨落时产生的那种视听效应，因此，对这一事件彻底排除了陨石的可能性。

还有人推断，这是美国制造的一种专门用于超低空飞行的间谍飞机，由于它超低空飞行，所以不能被雷达发现。然而，这一推断更引来人们的嘲笑，因为航空专家认为，到目

前为止，地球上还没有这样先进的飞行器——能以如此神奇的巨大力量"轰"地一下撞到冻土地上，然后还能继续飞行，而且任何部件都完好无损。

那么，这究竟是什么东西造成的大土坑呢？俄罗斯著名超自然现象专家弗·基泽尔认为，这是一个来自地外的探测器，它完成正常考察——取完地球土样后便悄然离去。

后来，又有几个考察队先后考察了这个大土坑。在1979年的一次考察中，研究人员对这个地方进行了磁强测定等考察，但毫无新结果。而考察队员们的唯一新发现是，那个大土坑里竟长出繁茂的植物，尽管大土坑周围几乎没有任何植物。可是，在离大土坑100米处还发现另一个土坑，奇怪的是，还从未发现有人为了某种用途在这里从事这种土方作业，这一新发现的土坑周围也是什么植物也没有，

而坑里却长出一小丛茂密的小树。

俄罗斯科尔普湖之迹迄今悬而未解。然而，在世界其他一些地区是否也发生过类似事件？回答是肯定的。1968年4月1日，在瑞典的韦特恩冰湖上，有两个渔民发现一个大冰洞——在90厘米厚的冰面上竟出现一个三角形大冰洞，冰湖上散落着零碎的冰块。这一冰湖事件也像科尔普湖事件一样引起科学家们的极大兴趣。一支考察队对这里进行了考察，潜水员在湖底发现一种奇怪的鳞状物，但研究人员对其来历还无法做出解释，不过，当研究人员考察邻近的几个湖泊时，发现冰面上也出现这样一些三角形冰洞，它们的大小恰恰跟瑞典韦特恩湖上发现的三角形冰洞一模一样。

这究竟是何物？给地球人类留下诸多的待解之谜后便悄然离去。然而，现代科学暂时无法回答这一问题：这种神奇的怪物是哪种不明飞行物？

速度奇快的飞行物

引言

　　飞碟之所以具有不可思议的高速度，其动力原理肯定不能按照我们常规的思维来理解，是远远高于人类的高新技术吧？

　　事件发生在30多年前的美国。1973年10月18日23点10分，一架美国空军眼镜蛇式直升飞机飞临美国俄亥

俄州曼斯莫尔德的上空，高度为750米。机长是劳伦斯·科因上尉（他属于基地设在克利夫兰的第316卫生部队）。

　　突然，机上的罗伯特·亚纳塞克中士发现，在东方出现了一束红光，并且红光朝直升飞机疾速飞来，很快就会相撞。科因上尉以为它是架歼击机，便马上同最近的空军基地通话，让塔台人员通知歼击机飞行员立即改

变航向。但他还没有听到塔台人员的回答，红光已飞近直升飞机，无线电收发机失灵了。

为避免与红光相撞，科因上尉立即进行俯冲，将高度降到500米。

科因上尉说："这个飞行物全速飞到我们右侧。我们确信，它是想同我们相撞。但当时发生了一件不可思议的事情：它竟在刹那之间以1000千米/小时的速度降低到我们直升飞机的速度——160千米/小时！后来，它飞到我们上方，同我们一同飞行。我们看到，这是一艘雪茄状的飞船，它长约18米，外表是金属灰色，其上部有个圆盖般的东西。我们并没发现任何开口。当它出现在我们前方时，只看到它有红光发出。后米，我们发现它尾部有绿光。它从直升飞机上头掠过时，发出强烈的绿光，我们连操纵盘上的红色指标灯光都看不清了，机舱内全是绿光。"

那个不明飞行物从上头掠过直升飞机后，便自转起来，尔后即向南飞去。科因上尉终于松了口气，准备将飞机拉高，上升到巡航高度，但不明飞行物又出现在直升飞机上方。使科因上尉和其他机组人员深感震惊的是，直升飞机这时竟以100米/秒的速度猛地从460米高度上升到了1150米高度。这种上升速度，是任何直升飞机都达不到的。当时，机组人员均无任何不适之感，他们对直升飞机的骤然升高困惑不解。

专家们认为，只有一种假设可以解释这种吸起现象：当不明飞行物处在直升飞机上方时，直升飞机正好在不明飞行物的反重力场中。这个事件说明，法国帕热斯博士关于不明飞行物可能采用反重力场原理来推进的观点是值得引起人们重视和研究的。

科学探索丛书

第三章

UFO 制造的袭击案

　　尽管我们无法推测UFO访问地球的真正目的是什么，但UFO的确给曾接触过他们的地球人带来许多的烦恼和痛苦。不少与UFO接触过的人都把这段接触时间称作被"外星人"绑架。

遭到UFO劫持

　　尽管我们无法推测UFO访问地球的真正目的是什么，但UFO的确给曾接触过他们的地球人带来许多的烦恼和痛苦。不少与UFO接触过的人都把这段接触时间称作被"外星人"绑架。

　　1975年1月5日凌晨3时，南美洲阿根廷拜业布兰加市一名男子从餐厅走出来。他名叫卡罗斯·阿尔贝特·狄亚斯（28岁），在这家餐厅做侍者，从晚上8时工作到翌晨3时，当天有个慈善团体举办宴会，刚刚才把工作忙完。他有一妻一子，虽然年纪还轻，但收入不错，家庭也很美满。

　　狄亚斯穿着侍者服装，腋下夹着刚买的报纸，像往常一样搭乘巴士回家，他大约凌晨3时30分在住家附近的车站下车。附近漆黑，他快步走回家。当他走到距家大约50米处，突然有一道闪光照亮周围。狄亚斯最先以为是闪电，但光线却一直没有消失，而且久久没有雷声响起。狄亚斯心觉诧异便停下来，环顾一下周围，这一看不得了，狄亚斯发现有一道圆筒状的光宛如笼罩他一般由上方垂直照射下来！

　　狄亚斯惊不可遏，想拔腿逃回家，但全身宛如中了定身符一般，僵硬无法动弹。这时他听见一阵蜜蜂般的嗡嗡声，而他的身体被吸离地面50厘米，之后他便不省人事了……

　　狄亚斯醒过来时，一丝不挂地仰面躺在床上，那种床有点像医院的手术台。那是一间奇怪的房间，呈半球形的，好像倒过来的碗，墙壁是半透明的，好像是塑胶的，室内直径2.5米，高约3米，没有家具，也没有照明器具、机械装置。但室内却一片通明，墙壁好像散发淡淡的光线……地

般的手臂。

狄亚斯以为对方要杀他便哇哇大叫，但奇怪生物只是拔下他一根头发。狄亚斯也比较放心了，但奇怪生物又伸出魔手，拔下他一根头发；奇怪生物一再重复这个动作。狄亚斯想反抗，但不知为什么却全身僵硬，手脚完全不听使唤。

奇怪生物那木棒般的手臂末端似乎长有吸盘之类的东西，只要按在狄亚斯头上就可轻易地拔下他的头发，而且不可思议的是，狄亚斯一点也感觉不到疼痛。一会儿之后，开始拔他的胸毛，并且像在观察狄亚斯一般缓缓绕着床边走。

"我也许会被杀掉。"狄亚斯大致也有觉悟了，他再度感觉意识朦胧，最后完全昏迷了。

狄亚斯再度恢复意识时，人躺在草地上，夜色已经过去，阳光灿烂

板有一些孔，也许空气就从那儿流进来的……

"这是什么地方？"狄亚斯整理朦胧的记忆，追忆了好一会儿才想起他刚才快到家时所发生的可怕遭遇。

"是的，我被那修饰筒掳来这儿！"

他顿起激烈的恐惧与不安，吓得全身直发抖，然而更可怕的事情还在后头。三个有点像人的奇怪生物不声不响地进入室内。狄亚斯第一眼看见他们时差点昏过去。那种生物虽然形状像人，但是连眼睛、鼻子、嘴巴都没有的"蛋脸"，脸孔只有人类的一半，头与脸是绿色的，身高大约180厘米，身穿乳白色像是橡胶制的罩衫，身材高瘦，手臂也有两条，但没有手指，端部圆圆的，像木棒一样，看起来令人不舒服。皮肤基本是光滑的，连一根毛也没有。狄亚斯以为是幻觉或者做恶梦，便睁大眼凝视，但三个奇怪生物的确就在那儿，不仅如此，其中一个还走近他身边，伸出那野兽

耀眼。不远处传来汽车来来往往的声音，狄亚斯抬头一看，原来是高速公路，但周围的景色却很陌生。

好像逃过一劫了，狄亚斯先是一阵安心，然后看看自己的周围。他离开餐厅时携带的手提包、在餐厅入口处购买的报纸就摆在他身边的草地上。"我在做噩梦吗？我从来不会喝酒醉倒在野外的。况且，我还清楚地记得走下巴士，快到家……我又如何躺在这处高速公路旁的呢？那个时候才不过深夜三点多……"

狄亚斯连忙看一看手表，指针停在3时50分。他突然感到身体不舒服想作呕，瘫软在地。数分钟后，一位开车经过高速公路的男子发现倒在地上

痛苦挣扎的狄亚斯，便送他到布宜诺斯艾利斯的中央铁路医院。到达医院时大约是5号上午8时。

医生诊察狄亚斯，最先以为他头部受到严重撞击而发生记忆错乱，因为狄亚斯最先昏迷的地点与被人发现的地点相距八百千米之遥。除非乘坐高性能直升飞机，否则实难在如此之短的时间内移动八百千米。而且，这位奇怪的患者满口胡言乱语，荒谬绝伦。

狄亚斯受到该医院四十六位医师长达四天的轮流质询与诊察，结果发现他有多根发毛与胸毛脱落，另外查出目眩、胃肠不顺、食欲不振等症状。与此同时，也进行了彻底的脑部检查，却找不到任何异常。

UFO劫持汽车案

引 言

　　脾气古怪的外星人，通过各种形式来挑逗已经一头雾水的地球人的神经。最近他们又对汽车产生了极大的兴趣，并且劫持了一辆又一辆的汽车。这些又意味着什么，我们无从得知，只得将谜题留给时间，让时间来作答了。

　　1995年11月6日，在阿根廷首都布宜诺斯艾利斯的一条繁华的街道上空，突然出现一架大锅形不明飞行物。街上众人立刻被这突如其来的空中怪物给惊呆了，人们惊讶地向空中张望。这时，从飞行物腹下的一个中心大圆孔内向路面猛然射出一道强光柱，奇怪的是，这光柱一下子射到一辆正在疾驶的丰田轿车上，在场的目击者亲眼目睹了一个惊心动魄的场面：那辆飞驰的轿车立刻被光柱的强大吸力给拉住了，并沿着那道强大光柱缓缓地向空中升浮，像一只蝴蝶在光柱内翻转着，升腾着，一直被吸入飞碟内。然后，光柱便消失了，飞碟也转瞬间消失得无影无踪。

　　另据一名叫希尔维姬·奥兰多的阿根廷目击者回忆说："这一天上午约十点半，从头上传来类似飞机的轰鸣声，最初，我以为是飞机从这里飞过，当我从车窗内向空中望去时，突然发现了这个空中怪物，它正悬停在离地约150米的半空中，从腹下的一个大圆洞中射出一道蓝色光柱。我似乎被这强光柱晃得眼花缭乱，当我用手遮住耀眼的强光顺着指缝望去时发现，行驶在我前面的那辆丰田轿车，一下子悬离地面，并顺着飞行物射出的光柱慢慢向空中升浮。我亲眼看到，那辆被飞行物吸起的轿车中坐着一名妇女和三名儿童，她们大声惨叫

个月，假名）正在开车疾驶而行，突然前照灯和无线电都失效，同时听到一阵震动的声音，汽车在高速公路上"浮"了起来，渐渐脱离了路面。一个巨大的圆形物体底部中央有个口子打开了，连车带人一起给吸了进去。车在耀眼的圆形房间里停了下来，"头脑中的声音"命令她们下车，她们出来时受到了小人型机器人的欢迎。

莱妮偷偷地笑了起来，因为她看到了它们的怪模怪样：头很大，大眼球，嘴巴像裂开的眼睛，全身没毛，四只手指是主要特征，细长的脚缓缓移动，样子很古怪。它们似乎全身套在一种黄色紧身衣服中，不知道是裸体，还是穿着衣服。黄色的肌肤（衣裳？），没性别。母女两人已经在另一间房里把衣服全脱光了，两手两脚和胸口被固定在台上，头上的光亮是

着力图挣脱这空中怪物的'魔爪'，可车门怎么也打不开，她们连同汽车一并成了这不明飞行物的'战利品'。十多秒钟后，一切又恢复了正常。"

这一奇特的景象使科学界大为震惊，以美国UFO专家奈坦·马卡琴为首的科学家小组专程从西雅图赶赴事发现场，对这一事件进行专门调查，通过对几十名现场目击者的调查和研究后得出一个结论：在外星人涉足地球的诸多事件中，这一不明飞行物劫持汽车事件是绝无仅有的。最近一个时期以来，UFO愈加频繁地来访地球——这意味着什么？看来，这只能让时间来作出回答，我们暂且还只是猜测。

1980年8月22日深夜，美国德克萨斯州的莱克阿附近，密根·爱利奥特夫人（23岁）和她的女儿莱妮（18

多种颜色的，忽亮忽暗。她们接受了"身体检查"。从头顶上的圆顶里有两根探针降落下来，在身体内部检查，发出"嚓嚓"的音响，她们感觉到它的活动，从鼻子检查到肚脐眼儿的地方。突然一阵强烈的睡意袭来，当眼睛再一次睁开时，不知在睡着的这段期间，被做了什么手脚，只感到全身发痛。然后她们被要求直立地站在台上，几个"黑色的窗户"像万花筒那般地闪动，看见一个"电视屏幕"（也许是一种教育装置），最后才从台上解放出来。

回到前面的房间，她们穿上了衣服。从一个自动售货机般的东西里跳出来许多各种颜色的药丸，被命令吞服下去，然后便睡眠，如此反复，居然有十个回合。这也许是一种快速恢复健康的处理方法。然后重新返回地面，在震动声音中降落了下来。车子已经落在居家附近，距离原先的地方已有40千米之远。

尽管碰到这么可怕的事情，密根一家也有可以向UFO感谢的地方，莱妮本来右耳朵和左脚都有炎症，第二天，这些毛病全都不治而愈。

这个事件以UFO研究的权威组织MUFON（互助UFO调查网）和德克萨斯州的临床催眠学家斯蒂芬·克拉克博士为中心，进行彻底的调查研究。

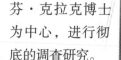

UFO着陆事件

引言

"外星人"并不一定是跟人类过不去,有时小试锋芒,让地球人知道他们的厉害。如果"外星人"动了真格的,凭借他们的武器和技术,我们地球人也许就惨了。

1989年9月27日晚,在俄罗斯沃罗涅日市的一个公园里发生了一起不同寻常的飞碟着陆案,在场的几十名目击者亲眼看到了这一惊心动魄的场面。

当晚约七时半,休闲的人们正在沃罗涅日市的一个公园里散步、游玩,突然在公园上空出现了一团奇异的玫瑰色光辉,后来它离人群越来越近,最后变成一个直径达十米的耀眼的玫瑰色光球。原来,这是一个球形飞碟。它在公园上空盘旋了几分钟,飞行中它时而下降,时而又上升,好像在寻找一个着陆地点。后来,它忽然悬停在离地约15米高的空中。飞碟下端打开一扇舱门,里面出现一个三眼类人生物,他身穿一套闪着银白色金属光泽的连体服,胸部带有一个圆盘,它有点像古代武士盔甲服上的护心镜,脚上穿着一双青铜色靴鞋。转眼间,飞碟竟在惊恐万状的众人面前着陆了。它着陆时,一棵白杨树被压弯和折断。飞碟着陆后,从舱门里走出两个三米高的类人生物,其中一个从另一个的胸前掏出个什么东西。第二个类人生物走起路来有着奇特的机器人步态,有点"布雷克"舞步的风格。目击者们得出结论:那第二个类人生物是一个侦察机器人。

这时,突然从围观的人群中传出一个受惊小男孩恐慌的叫喊声。人们发现,当前一个外星人把严厉的目光

投向一个小男孩时，外星人的三只眼睛一下子全都发光了，小男孩就像瘫痪一样顿时失去知觉。刹那间，在场的40多名男女老幼目击者一下子惊叫起来。

这时，两个外星人见势不妙，便急忙溜进飞碟，关上舱门飞走了。过了不到五分钟，那个飞碟又重返"故地"再次着陆，舱门打开后，从里面走出一个三眼外星人，他的腰间挎着一个类似枪械的管状物。他示威性地把那个类似武器的管状物对准一个16岁的小伙子，这时，既没听到射击的声音，也没看见火光和烟雾，那个被外星人瞄准的小伙子转瞬间却消失了，人们连看都没有看清楚，就像魔术师大变活人的魔术一样。然后，那个外星人又回到飞碟上，关上舱门飞走了。可是，令人迷惑不解的是，那个转瞬间消失的小伙子却又出现在原地，他就好像哪儿也没去过似的，对自己的消失一点也不记得了。

事发后，科学副博士罗佐采夫、光谱实验室主任希拉诺夫及其同行研究人员借助生物定位法清晰地标定出飞碟的着陆地点：它直径20米。在飞碟着陆地点发现四个无等对称的凹陷的压痕，它们深4～5厘米，直径14～16厘米。研究人员在其中的一个压痕旁边还发现一个深37厘米、直径2.5厘米的钻探孔。研究人员推断，这个钻探孔很可能是飞碟上的外星人采集地球土样时留下的。

据当时的目击者证实，在这次事件后，飞碟在那一带的活动相当积极主动。

UFO坠落美国

引言

　　或许美国有某种独天得厚的条件，不然，为什么发生的UFO坠落事件都在美国呢？美国的科学技术发达，这些UFO残骸或许对美国的航空和宇航技术有所帮助。

　　1948年2月的某天，位于美国西南部的三个空军基地（慕罗科、圣达费、科罗拉多州西南部）的雷达上，发现了UFO。后来荧幕上的影像突然消失了。根据判断，UFO坠落的可能性非常大。依据三角法算出，坠落的地点应该是在亚兹铁克西方20千米的

空地上，于是军方赶紧派出部队，对UFO进行搜索行动。

　　UFO马上就被搜寻到了，不知什么原因，竟毫无损伤，只有一个地方的窗户被打破了。在其内部发现了身高约为一米左右的12位乘员，全部都已死亡了。死因可能是窗户的洞引起舱内减压所致。他们的尸体在慕罗科空军基地保存了一段时间，后来为了检查而移送到莱特皮森基地。

　　还有一次坠落事件。住在宾夕法尼亚州哈利巴格的某前空军上校说，退伍之前，他曾驾驶F-94战斗机，收到来自德州戴耶斯基地雷达观测人员的无线电通讯。此时F-94战斗机刚飞

离戴耶斯基地，正在新墨西哥州的艾尔巴卡基的上空进行飞行训练。根据雷达观测员的报告，有一架UFO通过华盛顿的上空，正以时速3200千米的惊人速度南下。幸运的是，F-94战斗机看到了这架UFO，但是如果要追上这架UFO则有点吃力。之后，UFO突然从雷达上消失。根据推测，它应该是坠落在德州的德雷欧镇附近。

他和副驾驶返回基地，改驾小型运输机赶到现场，这时陆军的特种部队已经来了，将UFO整个用布篷罩住，已无法进一步确认。这件事还有其他有力的证词。住在佛罗里达的前空军宪兵司令官，看到了先前F-94战斗机飞行员所没看到的坠落的UFO。他负责事故现场的交通指挥工作。

他叙述了当时所看到的景况。UFO的直径约27米，为金属制品。里面发现了一具尸体，身高约1.35米，全身上下没有半根毛发。其中最令他印象深刻的是，尸体没有大拇指。

1952年是有关UFO坠落事件报告最多的一年。首先是加州的艾德怀兹空军基地附近的坠落事件。在艾德怀兹空军基地工作的雷达技师说，他在雷达上发现了一架UFO逐渐靠近基地，突然，UFO坠落了。

他在交班后，马上赶往现场，把直径约15米的UFO残骸和外星人的尸体运回，被烧得焦黑的UFO暂先由艾德怀兹空军基地保管，之后被搬到莱特皮森空军基地去。也有关于移送莱特皮森基地的证词。在肯塔基州哥杜曼基地担任食粮补给的一位士官，曾在深夜看到，于极严密的监视及戒备之下，一辆很大的搬运车载着一个庞大的东西，在他们的基地稍事休息。他们的目的地是莱特皮森基地，而在哥杜曼基地内，大家都猜说这个东西一定是UFO。而且，在同一时期，莱特皮森基地的物资补给部门的守卫，也看到一个载着巨大物件的搬运车进入莱特皮森基地。

同一年，在新墨西哥州也发生了UFO坠落事件。关于此事的证词，虽是从一部特别的纪录片电影中看到的间接证据，但因这部片子的内容极其

特殊，特殊到光凭片子就可知道这份证据是极其珍贵和重要的。

纽泽西州的佛特曼玛斯基地，执行秘密任务的雷达工作人员T先生，和同事数人一起被招待到放映室，看了一部很特别的电影。什么说明也没有，这部电影便开始了。16厘米的放映机突如其来地播映出司空见惯的沙漠景象。在这常见的画面里，却有个不寻常的银色大圆盘。摄影机的镜头一拉近圆盘，底部的一个门就打开了。这时镜头画面转变成穿着工作服的军方人员，正围着圆盘；从那些人的身高和圆盘的比例推算，圆盘直径大概有五至六米左右。下一个画面则跳到一个似乎是圆盘内部的地方。可以看到有配电图和好几个操纵杆，似乎没有什么复杂的装置。

下一个则是令人震惊的画面，在长桌上，并排着三具尸体，很明显这并不是人类的尸体。跟身体比起来，头过大，脸则好像蒙古人种；眼睛和嘴巴闭着，在脸的中央可以看到有一个类似鼻子的小洞；看不到耳朵在哪里，也没有头发，皮肤苍白，穿着剪裁得很合身的制服。

为什么让他们看这部影片，T先生心想，大概是要他去进行与这部影片有关的任务吧？虽然放映的人员并没有说明观看影片的目的，可是，在两个星期之后，基地的情报少尉便警告他们"必须忘掉以前所看的那部影片"！使他感觉到那部影片绝非是一部单纯的纪录片而已。基地的安全少校，在他们看过影片之后，也马上跑来问他们，有没有看过坠落在新墨西哥州的UFO影片。

关于1953年的事，一个在空军导航导弹发射场工作的男军人说："在发射场的附近有一架UFO坠毁，部队便马上派人去将UFO运回。在UFO的里面经过仔细寻找之后，发现了四具尸体。"

1962年的事件，则是集合了20位证人的有力证词的案件。空军的雷达，在扫描到在德克萨斯上空有UFO的踪影后，喷气式战斗机便紧急升空。当UFO到达新墨西哥州的上空

时，高度急速下降，开始摇摇晃晃地晃动飞行。UFO似乎出故障了，终于坠落在赫罗曼基地附近的沙漠。这架UFO的直径约20米、高4米，在其内发现两具约一米高的外星人尸体。尸体在翌日运往大学附属医院，进行解剖。机身则运往某空军基地，由科学家和专门技师进行更进一步的研究。

像新墨西哥州一样，有多起坠落事件发生的地区还有亚利桑那州。1952年、1953年、1966年，都发生过极重大的坠落事件。其中1953年在金格曼发生的事，由空军发动了大规模的调查。

在内华达州的原子弹实验场，从事原子弹爆炸对建筑物影响研究的W先生，于1953年5月21日，受命执行一个特别的任务，于是他搭乘军用机前往亚利桑那州的威尼克斯。在威尼克斯再搭约四小时的巴士，于金格曼下车。

原本军方说是最高机密的军用机坠毁的现场，当然是戒备森严。但是他在现场所看到的，却和军方说法相去甚远，因为那东西和军用机相差太多了。那是一个横躺在那里、直径九米的圆盘。机身的表面像是粗糙的、银色的、闪着光泽的铝质。W的工作是根据沙地形成的洞穴的角度及深浅，算出UFO落下的速度。

尽管机身插入约50厘米深的沙子里面，但是却一点擦伤、毁损也看不见。在机体的旁边，张着一张棚罩，

由武装的宪兵在警戒着。W先生趁宪兵不注意的时候，偷偷地看了一下UFO的内部，里面放着穿银色金属衣服、身高120厘米左右、很像人类的尸体。

在新墨西哥州罗兹威尔，发生了一件引人注目的重大事件。在这之前，早已是"公开秘密"的美国空军UFO收回和调查行动中，军方当局却只有一次承认这些事实，就是在1947年发生的罗兹威尔事件。

1947年7月8日，罗兹威尔空军基地的宣传部瓦特华特中尉，发表了下列内容的报道："驻扎罗兹威尔的第八空军联队第五〇九轰炸机大队情报部，因当地牧场主人和查别斯郡警局的协助，而成功地取得UFO。"

这则消息当然会在当地流传开来，而且还通过通讯社送往全世界。可是，在这个消息发布的数小时后，

又马上发表了一则更正启事："此次飞碟收回事件纯属误导，事实上，这是观测气象用的气球。"可想而知，这件事就此打上休止符。

可是UFO研究者威利安姆亚仍锲而不舍地追查，结果才使这件事真相大白。事情发生的第一现场，是在罗兹威尔的北方，约48千米的欧德乔甫雷斯牧场。牧场的主人威利安·布雷谢尔，在7月2日的晚上，听到混合着雷鸣的爆炸声。那个时候还不怎么在意，他就上床睡觉了。

次日的早晨，他到牧场草地上去，发现了一些奇怪的东西，散落在方圆一千米的地面上。那是一些前所未见、极为坚硬的物质。他再仔细地观看四周，只有一小片草地有烧焦的痕迹。

布雷谢尔向郡警察局报案时，已是7月7日了。由此可知，他并不知道这件事的重要性。不用说，军方当然在获得报告之后，马上派人员将那些碎片收回。

距离布雷谢尔牧场二百千米远的桑艾格斯汀平原，又发生了一次坠落事件。在联邦政府的土壤管理部门工作的土木工程师巴尼巴涅特，在7月3日坐车到测量作业现场时，远远地看到一个发光的东西。

他在好奇心的驱使之下，就将车开入了平原。在那里，他看到了一个脏污的不锈钢圆盘，直径约八到九米。周围倒了几个像是圆盘乘员的东西。美军将校和士兵们，马上就赶到这一事件的现场。

从这两件事情推测，圆盘是在布雷谢尔牧场上空因某种原因而爆炸，在奋力飞了二百千米之后，终于力竭而坠落在桑艾格斯汀平原。相信当局也同时知道了这两个地点所发生的事件，圆盘的收回作业是秘密进行的，故有必要将大众传播的注意力转向布雷谢尔牧场，因此这件事才得以被公开。

失踪的飞机

 引　言

　　这件事的蹊跷就在于，找不到任何失事飞机的残骸和遗留物，这是无法用常规思维理解的飞机失踪案件。

　　1978年10月21日，从澳大利亚墨尔本附近的莫拉丙机场，一架协和飞机飞往一片暮色的天空。时值晚上6点19分，天空晴朗，景色怡人。它的目的地是直线距离约二百千米左右的南方海上的金格岛。协和飞机预定在此岛上装满海产货物，然后马上返回莫拉丙机场。

　　正驾驶弗雷德立克·保罗·布连地年方二十，但已有近二百小时的飞行经验，是一位极有前途的飞行员，他为了取得专业的飞行执照，要达到飞行员的规定夜间飞行时数，所以在当日往返金格岛。

　　飞离了莫拉丙机场的布连地，往目的地前进时，看见在西南方出现一个像是发光的汽球般的东西，到了渥太威岬仍看到它的踪影。晚上7点整，布连地向墨尔本的控制塔通讯说"通过渥太威岬"。在渥太威岬的海面上，机首面向南方一直前进，过28分钟就该到金格岛了。

　　天气状况良好、视线清晰，一切都依飞行计划顺利进行。所以，在这关头，布连地是一点恐怖危险的预感也没有。布连地唯一感到有点异常的是，在通过渥太威岬岭瞬间的那一刻。晚上7点6分，他向墨尔本控制塔询问："150米以下的空中，有无其他飞机？"控制塔回答他"依飞行航程表上记载没有。"可是他却看见，协

和飞机的上方，有一架巨大的飞机。这架巨大的飞机，一旦超越过了协和飞机，又会马上折回来再度越过协和飞机的上方。而且像是在戏弄协和飞机似的，一次、二次、三次不停地反复着。

"难道是要追踪我吗？"布连地有点厌烦地喃喃自语。墨尔本的控制塔要布连地确认清楚纠缠协和飞机的机体。于是他报告说："这不是一般的飞机！"接着又说："形状是细长形，可以看到绿色的灯光，机体似乎是金属做的，外侧闪闪发亮。"之后，控制塔失去了布连地的音讯，且在这之前，便可嗅出危险的讯息了。7点12分，收到他用惨叫的声音说："这家伙在我上面啊！"之后又叫了一声"墨尔本控制塔……"接着通讯就中断了。控制塔的无线电里，在这最后一句话断了的17秒钟内，听到一阵卡咯卡咯、咯吱嗒吱的阴森可怕的金属声，然后又迅速被一片静寂笼罩。

此时是7点12分48秒，布连地就在金格岛的正前方不远处失踪了。

接到协和飞机罹难的消息，澳大利亚的军方马上出动，在空中及海面上展开大搜索行动。可是飞行员和协和飞机的踪影都没被发现。而且在

事发后四天，仍未发现机体的残骸或任何的遗留物，这事便成了难解的谜题，而搜索工作也就此打住了。布连地和协和飞机一起在渥太威岬的海面上，被擦掉抹去似的消失了。

这个意外事件在刚开始的时候，仅以普通的飞机失事处理，可是，从控制塔的记录录音带中得知是有一个UFO般的物体介入之后，在国内外引起了极大的反响。否定UFO存在的澳大利亚政府，发表了这样的讲话："在事件当时，因协和飞机翻转飞行，所以将映在海面上的城市的灯光，误认为飞行物体，才坠落大海里。"可是，这架协和飞机的主燃料筒是装在机翼上，无法做50秒以上的翻转飞行的。假如是坠落爆炸的话，也不至于会炸个粉碎，并且片甲不留吧！总有一些碎片会被寻获。更不可思议的是这17秒钟的金属声，又做何解释呢？爆炸声不会持续了17秒呀！这一切该如何说明呢？

事实上，这件事的开端，应该说是在这事发生的六个星期前开始，在澳大利亚不断地有人看见了UFO。在布连地失去音讯的那一刻，有好几人看到了发出绿色光的UFO。他果真是和协和飞机一起被UFO俘虏去了吗?不留下任何蛛丝马迹而消失了的协和飞机的真相，完全打消了一般常理的坠落和爆炸的说法的可能性。这是超越一般常理所能理解的，也是UFO神秘的一股力量。

秘鲁客机奇遇UFO

引　言

在飞机上和在地面上不一样。身在高空看见不明飞行物在身边飞行或从头上掠过，着实会让人惊慌失措，能够镇静自若地陈述事实，当然需要巨大的勇气。

1967年2月2日，一架秘鲁航空公司的DC-4式客机曾被不明飞行物紧紧跟踪了三百千米。这架飞机的机长叫奥斯瓦尔多·桑比蒂。他当年40岁，在记者采访他时，他详细地讲述了这次不寻常的空中事件："2月2日18点正，我们从皮乌拉起飞，飞往首都利马。半小时后，我们飞行到奇克拉约上空，当时飞机的高度是两千米。忽然，我们在飞机的右侧发现了一个发光的物体。当时，天色开始渐渐地暗了下来。我看到那个物体放射出极其强烈的光芒，它的外形是个倒置过来的锥体。当时它离飞机有几千米远，它处在与飞机同样的高度，而且航速航向都一样，就像在附近监视我们似的，与飞机并列飞行。但不久，我看到它以神奇的速度，做着许多奇怪的动作。有几次，它垂直地升入天空，然后又下降到了先前所在的位置。我让机组人员密切注意该物，并把这件事报告了全体乘客。当时飞机上共有乘客52人，机组人员7人。我对他们说，看来这个东西在监视着我们。

"它在飞机右侧飞行，时不时地上升或下降，一直与我们的飞机并列飞行了一段时间，突然，它调头朝我们飞来，像离弦的箭一样从飞机头上掠过。

我注意到，在它飞近飞机时，一直发着色彩鲜艳的光芒，它的上部是淡蓝色光，而下部是红光，当它稍稍升高，蓝光从飞机上方掠过时，就变成了红光，然后红光又变成了橙光。我发现它底部的形状像漏斗一样。我估计，它上部最宽部位的直径有70米。它从我们上头掠过后，便在飞机左侧飞行，我们之间相距三千米。

"当时，我试图同利马机场的塔台取得联系，但无线电已经失灵。我看到，机舱内的灯光也变得十分微弱，我一个劲儿地拨弄着无线电收发机。但还是一点声音也没有。那个不明飞行物就这样一直跟踪了一小时之久。夜幕四合时，它突然离去。

"我走到客舱时，看到不少乘客都吓得面如土色。有几个女人简直快吓疯了，还有几个嚎啕大哭起来，当那个不明飞行物消失后，我又一次开启无线电收发机，与利马联系，这一次很快就联系上了。这时，无线电收发机重新正常工作，灯光也恢复到了以前正常的亮度，但我刚刚与塔台联系上，向地面导航人员报告这件事时，那个飞行物又飞了回来。这一回，还有一个不明飞行物在它旁边飞行，它们一同朝我们的方向飞来。它们的体积和外形都一样。当我向地面塔台报告说有两个不明飞行物出现在我们附近时，它们都在转瞬之间飞逝而去。以后，我就再也没有看到它们。"

月球上的美国国旗

　　从美国国旗插在月球上后，再也没有人类的足迹踏上月球，又排除了月球上风暴的可能。那么，显而易见，"国旗失踪"不是地球的"人"干的。

　　1969年7月21日，美国"阿波罗-11"号航天员阿姆斯特朗和奥尔德林在月球登陆，将地球人类的第一个足迹留在月球上，从而自豪地把美国国旗牢牢地插在月球上。但令人费解的是，1997年国旗却神秘失踪。

　　当时，美国宇航局的专家们在仔细研究最新拍摄的月面照片时惊异地发现，1969年7月21日，美国航天员阿姆斯特朗和奥尔德林登月时在月球静海地区着陆地点插上的美国国旗神秘失踪，而在1997年5月26日，借助"哈勃"太空望远镜拍摄的月球静海地区照片时，月球上的美国国旗仍在原处，可一周后却神秘失踪。

　　然而，美国宇航局拒绝证实月球上的美国国旗神秘失踪的事件，更不想就此事件向新闻界做任何解释。一

直同美国宇航局保持业务联系的美国独立研究专家莫·喻尔勃兰博士说："美国社会公众有权知道月球上有关美国国旗神秘失踪的真实报导，所以，我决定发表如下声明：1997年5月26日，当'哈勃'太空望远镜对月球静海地区进行拍摄时，发现美国国旗还在原处，可一周后，当'哈勃'太空望远镜再次对准月面这一地区进行拍照时，却意外发现插在那里的美国国旗已神秘失踪。"要知道，自美国"阿波罗-11"号登月飞行至今，再无

© D. van Ra

任何一个国家的航天员去月球。况且月球上没有大气层，从来丝风不刮，所以，月球上的美国国旗不可能自己倒下后被月球尘埃埋没。

然而，有的科学家对此事件做出推测，称是来自其他行星的智能生物在月球上登陆后拔掉了那里的美国国旗，往日发生在月球上的诸多怪异现象和事件，进一步证实了这种可能。但令人遗憾的是，迄今为止，我们尚未掌握有关此次事件的全部事实真相，可能我们永远也不会掌握这些事实和证据，因为美国政府对有关飞碟和外星人的任何消息都一直不想让世界公众知道，也许是害怕世人们得知后引起世界性恐慌。

火星探测器失踪之谜

引 言

遥远的火星，人类无法近距离了解，那么，它究竟会发生什么事情，或许就只有上帝知道了。

1988年7月，苏联先后发射了两枚火星探测器——"福波斯1号"和"福波斯2号"。"福波斯1号"在前往火星途中失踪，"福波斯2号"于1989年1月成功抵达火星轨道，然而3月25日左右，"福波斯2号"突然和地球中断联系。在失去联络前，"福波斯2号"传来的最后几张照片震惊了所有苏联太空专家，只见在火星卫星火卫一的下面，竟然悬浮着一个长约25千米、直径约1.5千米的雪茄状神秘UFO！

据报道，"福波斯1号"和"福波斯2号"的主要目的是为了探测火星卫星福波斯（又称火卫一）。"福波斯1号"在前往火星途中失踪，原因是出了无线命令错误。"福波斯2号"于1989年1月成功抵达火星上空并开始正常工作，然而就在当年3月25日左右，"福波斯2号"突然和苏联地面控制中

心失去了联络，从此再也没有恢复联系。迫于"福波斯任务"国际合作者的压力，苏联公布了"福波斯2号"传回地球的最后一段录像数据，这段录像后来曾在加拿大和欧洲的几家电视台播出。然而不为人知的是，苏联当时并没有公布所有录像资料，"福波斯2号"失踪前拍下的最后几帧照片，已经被苏官方从向欧美公布的录像带

中秘密剪切了下来——因为这最后几帧照片实在太惊人了。

1989年4月，苏联专家在英国《新科学家》杂志发表文章，只是笼统地称"福波斯2号"在火星表面和火星大气中看到了一些"非常奇怪、令人困惑的东西"。直到苏联解体后，这些属于"高级机密"的照片才被俄罗斯宇航员马里娜·波波维奇博士偷偷带到西方，在一个不明飞行物研讨会上进行了公布。

据悉，"福波斯2号"最后发回地球的图像，竟是一个巨大的圆柱形"太空船"照片——一个估算有25千米长、直径1.5千米的雪茄状"母船"，它就悬浮在火星卫星"火卫一"的下方。自"福波斯2号"传回这张令人震惊的图像后，就和地球突然神秘地失去了联系。"福波斯2号"惊人的最后照片令人对它失踪的原因产生了疑惑，根据苏联专家的说法，它可能被什么东西摧毁了。

UFO撞击地球？

引　言

　　他们是什么？他们在哪里？人类一直在关注着"外星人"的一举一动。因为这关乎着人类及地球的安全。对于飞向地球的天体，还是早发现为好，以免万一撞到地球上，会给地球和人类造成不可估量的损失。

　　在"1991VG"被发现时，大约距离地球3,292,717,824千米，并以极快的速度飞向地球。斯科蒂在亚利桑那州美国基特峰国家天文台用小型的"太空观察"天文望远镜追踪这一不明飞行物，并把它形容为一个"快速移动的星体"。继续观察发现，这个物体好像不是小行星，至少从它的运行方式上看不像小行星。例如，它喜欢"眨眼睛"：每隔七分半钟，就会从三倍亮度开始变暗，然后再度变亮。这样的现象更像一颗人造卫星。这不禁让一些天文学家猜测："1991VG"或许是飘荡在星际太空的废弃的火箭助推器，甚至有可能是上世纪60年代末70年代初美国登陆月球所使用的"阿波罗"号的火箭助推器。

　　这个物体继续向地球靠近，位于智利拉西拉的欧洲南方天文台（ESO）的天文学家开始用1.524米的望远镜跟踪它的行踪。这时，媒体已经意识到"有些事情"正在发生，天文台于是开始定期向新闻界发布消息。欧洲南方天文台的观测小组对"眨眼"的时间进行了精确计算，确认这一现象与在反光旋转的人造卫星上观察到的光的闪动情形类似。

　　这个神秘的物体于1991年12月5日飞到距离地球最近的地点，当时距月球82,076千米，距地球大约463,973.87千米。接着，它开始辞别地球。天文学家估计，这个物体的直径大约在10～19米之间，比小行星小，更像一个废弃的火箭助推器，或太空飞船的残片。这个物体实在太小了，只能用直径7厘米的"太空观察"望远镜进行观察，而且只能看到一个小光点。四个月后，也就是在1992年4月27日，它与地球的距离已经很遥远了，但仍在一个确定轨道上绕太阳运行。美国基特峰国家天文台再次发现了"1991VG"，这时使用的是更大的望远镜。这也是地球上的天文学家最后一次报告发现这个神秘物体。

关于这个神秘物体，科学家提出了三种假设：行星、人造飞船还是UFO？它究竟是什么，至今仍然没有找到答案。

"1991VG"是美国天文学家吉姆·斯科蒂于1991年11月6日发现的，它最初被认为是一个"NEO"，也就是近地物体，极有可能是一颗小行星。太空中类似的小行星有许多，它们周期性地飞临地球，由于对地球不会构成威胁，所以，除了天文工作者，大多数公众对这些小行星的行踪根本不关心。

三年过去了，"1991VG"已经被人们遗忘，至少媒体不再提它了。可是，1995年4月，一位知名天文学家兼作家发表了一篇文章，不仅再次引发了围绕"1991VG"的争论，还把这次争论推向了一个新高度。这位天文学家名叫邓肯·斯蒂尔，在英国索尔福德大学任职。他大胆地指出，那个不明飞行物不只是"人造物体"，事实

上还有可能是宇宙其他星球派来的飞船！

斯蒂尔说："我们可以在掌握的并不完整的材料的基础上，提出这个不明飞行物究竟是什么的种种可能。"斯蒂尔随后提出三种可能："第一，'1991VG'是一颗天然的小行星；第二，它是一艘人造飞船（一个废弃的火箭助推器或早期发射到太阳轨道的探测器）；第三，可能是外星人飞船。"

这位天文学家通过研究早期的发射记录发现，人类发射的飞船数量非常少，显然无法找到充分的证据证明"1991VG"就是当时发射的飞船。他提到了七个在1958年和1960年间发射的无人探测飞船，包括"开拓者"探测器1、3、4和5号，"月球"探测器1、2和3号。但是，他指出这些探测器通常都是很小的物体，其中有的已经返回地球，另外，"月球"2号已经在

月球上坠毁。

随着研究的深入，斯蒂尔排除了"1991VG"是1974年10月发射的"月球"探测器的可能性，因为它当时成功地登陆在月球上。当然，太空中还有1974年12月发射到太阳轨道的"太阳神"1号以及1975年6月向金星发射的"金星"9号探测器。但斯蒂尔说，除非有外力影响了这两个探测器及其助推器的飞行轨道，否则它们也不可能变成"1991VG"。从发射时间上分析，"1991VG"也不可能是载人的"阿波罗"号系列的助推器，因为它们的发射时间在1968年10月和1972年12月之间。斯蒂尔因此得出他的结论：所有已知的人类发射的探测器都不可能是"1991VG"。

斯蒂尔把他的研究重点转到了"自然天体"方面："1991VG"会不

会是一个"自然天体"，如小行星。但是，很快他就排除了这种可能性。根据他的推理，该物体的"眨眼"现象——该物体会发出规则的闪光，很明显与旋转的人造卫星相似。同时，他也说明，如果是自然天体的话，由于受到近地轨道地心引力的影响，"1991VG"最终会进入一个不稳定的轨道。但事实是，"1991VG"的轨道相当稳定，这样，斯蒂尔可以相当自信地断言，"1991VG"是一个"新的天外来客"，可能不是小行星。

斯蒂尔表示，如果这个飞行物真的是外星人的东西，那么，一个实质性问题是：当它经过地球时，它是受到外星人控制，还是只是简单地沿着轨道飞行？换句话说，它是被外星人操控的，还是被遗弃的？

斯蒂尔总结说，应该继续在天空寻找其他可疑的飞行物。显然，斯蒂尔将矛头对准了天文学上最有名的理论之一——"费米悖论"：1950年的一天，诺贝尔奖获得者、物理学家恩里科·费米和另外三位物理学家共进午餐。在饭桌上，费米突然冒出一句："他们都在哪儿呢？"其他人马上意识到费米还在思考着刚才有关飞船和外星人的争论。后来，费米的这句话成了著名的"费米悖论"。"费米悖论"隐含着这样的意思：理论上讲，人类能用一百万年时间飞往银河系的各个星球，那么，外星人只要比人类早进化一百万年，现在就应该来地球了。为什么他们还没来？他们究竟在哪里？

这个悖论之所以具有说服力，是因为它是基于银河系的两个事实：一、银河系非常古老，已有约一百亿年的年龄；二、银河系的直径只有大约十万光年。所以，即使外星人只以光速的千分之一在太空旅行，他们也只需一亿年左右时间就可横穿宇宙——这个时间远远短于宇宙的年龄。如果真存在外星人的话，按道理他们早该到了。

可是，许多天文学家表示，虽然斯蒂尔的分析听起来很有道理，但他的结论仍值得推敲。可以预料，支持和反对斯蒂尔观点的双方还将就"1991VG究竟是什么"的话题继续争论下去。任何一方要让另一方信服，都必须摆出足够的"硬证据"。

UFO划脸事件

引　言

　　被UFO划脸是印度北部村民遭遇的奇遇，他们应庆幸没被"划"了脖子。

　　印度北部村民遭UFO"划脸"袭击仅仅是被划了几下脸，还算是幸运；如果是被划断了脖子，那麻烦可就大了。本来是用来对抗敌人的"民兵联防队"，现在却用来对付新的敌人——UFO了。

　　据英国《泰晤士报》2003年8月20日报道，一个神秘的不明飞行物向沉睡中的村民发起袭击，引起了当地村民巨大的恐慌和骚乱，随即政府派出秘密特工展开调查……这番以往只有在电视剧《X档案》中看到的情节，却正在印度北部尤塔尔·普拉德斯省真实上演！

　　究竟是"外星人入侵"，还是其他国家研制的"异种昆虫"？还是老百姓的"群发性歇斯底里"？

　　据见过它的人描述，这个UFO为球状，闪着红光和蓝光，通常它在午夜时分发动袭击，受害者脸上和四肢部分有明显灼烧痕迹，该UFO也因此得名"muhnochwa"，意思是"划脸者"。目前，尤塔尔·普拉德斯省的瓦腊纳西、米尔扎普尔和阿拉哈巴德都已出现过"划脸者"。

　　脸上贴着白色纱布的尼沙德当年18岁，住在阿拉哈巴德市附近的一个小村。8月3日那天晚上，他和许多当地人一样正躺在院子里的竹床上乘凉，突然遭到"划脸者"的袭击，当时脸上就给划了两道长长的口子！

　　自从UFO袭击出现以来的两周内，该地区已经有数十人受伤，至少七起不明原因死亡事件被怀疑和"划脸者"有关。当地村民对警方怨声载

道，指责他们没能提供足够的保护。数百名激动的印度村民涌向当地警察局要求得到保护。

"划脸者"究竟是什么？印度官方对此给出了多种解释，一种说法是外星人入侵，另一种说法则是未明种类的昆虫进攻。

最玄乎的应该要算警方负责调查的德威地将军所提出的解释，他说攻击者是一种"基因经过修改的"昆虫，由某个印度的"敌对组织"在境外制造，并特意释放到印度境内以便造成巨大伤害。

这个"敌对组织"是谁？他虽然没有讲明，但很多印度人也都猜得出——"敌对组织"指的就是某个邻国的间谍机构，只是这种说法并没有多少人认同。

在过去，印度夏天天气炎热，电力也相当紧张，很多人都是在院子里露天睡觉。但自打"划脸者"神秘现身之后，当地村民就再也不敢在屋外睡觉了，没准"划脸者"的下一个袭击目标就是自己呢！更有甚者，在一些村子里，全体村民都挤在村长的家里过夜。他们认为"团结就是力量"，这样安全系数会更高一些。由于对警方失去了信心，村民们还自发组织了"民兵联防队"在夜晚巡逻。

记者来到了山瓦村。据当地人说，UFO的致命袭击就是从这个村开始的。在山瓦村记者了解到，"民兵联防队"的小伙子们整夜巡逻，为了壮胆同时也为了把UFO"吓"跑，他们还轮班上阵狂敲印度大鼓，齐声高呼口号："提高警惕，慎防袭击！"

很多村民认为，无线电波对UFO相当有"吸引力"。于是，村民们拆掉了房顶上的电视天线，藏起了接收卫星电视用的大铁盘，减少一切可能"招"来"神秘物体"的因素。甚至，在"民兵联防队"下达的"宵禁令"中还规定，晚上严禁听收音机。

据《印度时报》报道，当地情报机构对这件事情相当重视，他们甚至还派出特工前去山瓦村调查"外星人入侵"事件的真相。

听完当地众多村民对"划脸者"的描述之后，特工们制作了一个"划脸者"模型，并在模型上安了许多彩色小灯。随后，他们把这个假的"划脸者"挂在柱子顶端，希望能借此"抛砖引玉"，把真正的外星UFO引来。一切安排就绪，特工们开始耐心等待。

第二天凌晨1点零5分，"异象"终于出现了——一道"像复印机般的"闪光划过漆黑的夜空，并重复了三次！这一切都被摄像机录了下来。特工们也因此相信，当地村民的确经历过一场"极度恐怖"的入侵。

但是，当地医生依然对所谓的"划脸者"不以为然，把这种现象解释为"群发性歇斯底里"，称许多受伤者都是因为太过恐慌而自己弄伤的。

第四章

世界各地的 UFO 事件

"UFO"和"外星人"似乎有些联系。因为在一般人的认识中，是外星人在操纵着UFO横行天空。但也不尽然，有些"UFO"也许不是外星人操纵的，或许是宇宙运行的某种天体，或许是某种自然现象。

"飞碟"名称的由来

引言

　　"飞碟"和"外星人"似乎有些联系。因为在一般人的认识中，是外星人在操纵着飞碟横行天空。但也不尽然，有些"飞碟"也许不是外星人操纵的，或许是宇宙运行的某种天体，或许是某种自然现象。

　　不明物体在天上飞行的事情，古代就有记载。但是，真正引起注意的不明飞行物的报道，始于1878年1月。当时美国德克萨斯州一个农民在田间劳动时，看见空中有一个圆盘状的物体在飞行。当时飞机还没有问世，这一奇特的现象在报纸上发表后，引起了社会的轰动。有150多家报纸刊物转载了这条消息，成为现代不明飞行物报道的最早事例。不明飞行物在英语中是Unidentified Flying Object，取三个单词的第一个字母组成它的缩写就是UFO。中国香港和台湾地区有的书上，把UFO三个字母的发音直接用汉字写出，叫做"幽浮"，这就使它带上了神秘的色彩。

　　第一个UFO的报道出现在1947年6月24日，这篇报道说，民航机飞行员肯尼斯·阿诺德在华盛顿州雷尼尔山谷附近搜寻一架莫名其妙失踪飞机的时候，突然发现空中有九个碟状的闪光飞行物，每个的直径大约有30米左右，像在水面上打漂的碟子一样，正在以每小时两千千米的超高速跳跃着向前飞行。记者在报道中使用了"飞碟"这个词。从此"飞碟"和"UFO"一起成为不明飞行物的代名词。

　　由于这个事件影响很大，为了查明真相，1950年4月，哥伦比亚广播公司著名记者爱德华·R.莫罗又采访了阿诺德，采访中阿诺德声明，1947

地引用了我的话。报纸说我说这些物体就像碟子一样。而我是说，它们飞行的样子像碟子。"阿诺德说他看见了一连串九个物体，其中一个发出了"可怕的蓝色闪光"。阿诺德得出结论说，它们是一种新式的带翼飞机。莫罗在采访报道最后总结说："1947年的报道是一个历史性的错误。阿诺德先生最初的描述被人们遗忘，而'飞碟'却成为家喻户晓的词汇。"

年关于他看见不明飞行物的报道"没有正确地引用我的话。各家报纸对我的话夸大其词……我当时说，这些物体在上下波动，就像，啊，我看就像是漂泊在波浪汹涌的水面上的小船。当我形容它们怎么飞行的时候，我说它们的飞行就像在水面上抛出一个碟子。大多数报纸误解了我，并且错误

最早把"飞碟"和"外星人"联系起来的，是美国亚利桑那的气象学家麦克唐纳和美国西北大学的海克两人。他们在20世纪60年代中期提出，有些飞碟是外星人造访地球所乘坐的宇宙飞船。这个观点非常符合一般人爱幻想、爱猎奇的心理，立即成为新闻炒卖的热点，至今长盛不衰。

百万人目击UFO

引　言

　　如果是少数的人看见，还让人无法相信UFO的真实性，然而上百万的目击者同时看到，这应当不会有假。

　　1971年9月26日18时58分至19时07分，扬州北部邗江县槐泗公社的纪翔和扬州南部施桥镇的陶思炎，分别独立地在两地同时惊异地观测到一次奇异的天象，一个满月大小的螺旋状发光物出现在西北夜空，这个发光物静悬在夜空，无声，仿佛在挑战着人类的智慧。自此开始，30多年间，中科院南京紫金山天文台研究员王思潮一直坚持对于UFO的探究。

　　1981年7月24日22时33分至52分和1995年7月26日22时0分至25分，我国有十多个省、直辖市都目击了这两次大规模的UFO事件，"几乎是大半个中国"，目击者上百万人之众，其中就有紫金山天文台的好几位天文工作者。王教授说，紫金山天文台先后分别收集到70多份和50多份目击报告，随后对部分目击者做了进一步科学调查。这些目击报告大多数是真实可信

的，并且可以相互验证。

　　1981年7月24日晚的螺旋状UFO，从内蒙古自治区南部与陕西北部交界地区上空，飞至新疆南部地区上空，飞行距离约两千千米。王思潮教授描述说，"首先，看到在夜空中有一团发淡淡光的，形状跟云一样的物体，一直向西飘动。到了甘肃省永昌地区上空时，就变成月牙状了，近看像耳朵一样。在半空中悬着突然转起来，慢慢甩起尾巴，很奇特。"王教授说，月牙状亮光随着旋转一明一暗，明亮时特别亮，并转出螺旋状光带，同时向西飞行。这次螺旋状UFO整体

向西缓慢移动，愈来愈大，令人惊讶。"比满月直径大十几倍二十倍，非常壮观。"

"当时我们收集到很多报告，很多目击者画了很漂亮的画，可以说不同地方画的画相互可以验证。"从某一个角度看，就像光一样，换一个角度看就像一团蚊香。

针对以上两次UFO事件，王思潮教授从大量的目击报告和科学调查笔录中，分别选取了38份和26份质量较高者，分析计算了这两次UFO的飞行高度、速度与其他物理参数。1981年螺旋形UFO飞行高度大概为650千米，后半段的运动速度约为16千米/秒。1995年7月26日晚的扇形UFO飞行高度为1460千米左右，飞行速度仅为0.29千米/秒。

研究人员是靠什么"通天之术"计算出这些UFO的高度和速度的呢？王教授解释说，在我国有很多水平较高的天文爱好者队伍，一些目击报道是天文爱好者观测出来的。"他们从小喜欢看星座，出现奇特现象，他们观测后把不明飞行物在星座位置标出来。我们就可以通过球面天文方法，根据他们画的情况，通过经度、地理纬度，就可以推算出高度、飞行方向。"王教授笑称，这有点像初中、高中学过的三角一样。虽然地球是一个球体，计算过程比较难，但可以通过科学方法算出来。

UFO飞行器到底有多大？"比你想象的小得多。"王思潮教授推测

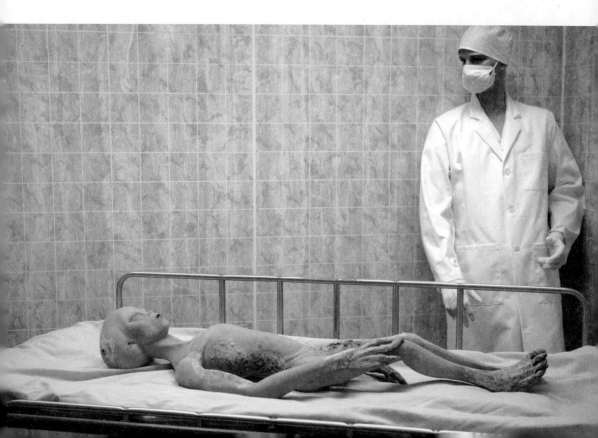

说，可能只有几平方米，但是我们看到的可能有几百平方米，"就像一个人抽烟一样，烟雾可以转很大很大，但烟头很小。"

"从1981年和1995年两次UFO的基本特征，可以判断这可能是特殊的空间飞行器，它一面飞行一面喷射大量的细小颗粒和气体物质，当它旋转时就形成螺旋状UFO。"王思潮教授解释说，"在1995年那次，他们算了一下，高度1460千米，速度是每秒0.29千米，加减0.05；1981年的那次，算出高度是654千米，速度也算出来，每秒1.6千米。这两次的速度都可以说是很慢很慢的！"

"按道理，这么低的飞行速度在空间是会掉下来的，'神五'飞船在空中为什么会转了不掉下来，就是因为速度很快。"王教授指出，这种飞行器可能有反引力的奇异特性。

王教授说，人类所能看见的物质和难以看到的暗物质，都是受万有引力支配的。直升机空中悬停只能在高度为十几千米以下的对流层，这里空气较稠密，直升机的螺旋桨旋转时，将空气往下喷射。向下喷射的喷流给直升机以反作用力，使之与重力（地球引力）平衡，从而能使直升机悬停半空。而这两个不明飞行物飞行在距地面650千米和1460千米的空间，那里大气十分稀薄，而且观测表明它们也没有向下喷射物质。在这种情况下，它们很难悬停或以极低速度持续平飞而不陨落。因此，这种飞行器可能有反引力的奇异特性。"人类现在尚未掌握反引力的高科技。所以我认为它们有可能是与外星智慧生命有关系的特殊空间飞行器。"

我国对于不明飞行物的研究，从1947年6月24日美国的阿罗德发现不明飞行物开始。尽管对于UFO的研究已经过去了60年，但是仍然处于"初级阶段"，原因主要还是UFO实在是太难得一见。王思潮教授说，目前我国对于UFO的研究主要已经达到可以"定性半定量"的分析。

王教授告诉记者，过去，对于不明飞行物的研究一般停留在对"定性"的判断。"来了一个现象，估计一下什么情况，判断一下是不是，就过去了。这样定性的判断按照现在科学来讲是不够的，一定要有定量的分析。"王教授说，过去很长时间内，我国对于不明飞行物的研究停留在对数据资料定性的判断上，由于不明飞行物太罕见，仅仅靠几次的观测资料远远不够。

对于1981年和1995年两次UFO，由于有充分详实的目击报告，所以专家已经进行了定量分析。他们选择了不同地点几十份目击报告，通过球面、三角推算出高度，高度误差是多少。"通过定量分析，得到重要的参数，可以进行最新的研究。"王教授说，南京紫金山天文台的专家公布计算方法、原始资料、1995年的定量目击报告后，其他地区的科学家根据他们公布的原始报告，可以再去调查当时情况是不是这样。

此外，王思潮教授介绍说，目前，我国在观测方法上开始有新的尝试。过去要想观测不明飞行物很困难，它来无影去无踪，等你把望远镜打开它已经消失了。但是，现在我们的拍摄设备多了，拍摄手段也更先进了，用一些像素比较高的数码相机就可以直接拍摄。

葡萄牙人目睹UFO

引言

我们目前还无法解释有些不明飞行物的频频光临。事情往往是这样，我们看见的东西，却不一定能理解它。

在葡萄牙的法蒂玛有七万人目睹了在他们眼前发生的奇迹。1917年10月13日这天，一大群人聚集在法蒂玛郊区的田野里，焦急地等待着奇迹的发生：因为有三个儿童声称有一个乘坐光球，从天而降的神秘人物曾答应他们在这天将再次出现。从当年6月13日起，他们已在法蒂玛城外的田野见到这个神秘人物好几次了。当第五次见面时，有几个成年人在场，他们证实了孩子们的话。在成年人之中，有莱里亚的代理主教，他说这个神秘的物体在"一个发光的飞机和一个大球中"出现。其他在场者说，那是"一个发光的球"。看来，只有孩子们才能和这个物体对话。

这个故事迅速在欧洲传开，到了指定的日期，有七万人来到位于里斯本北面的这座小城镇，以待看奇迹出现。

这天正午时突降大雨，站在雨中的人们惊讶地看见一道一道灿烂的光芒在大雨中闪闪发光。有些人认为是太阳，但云层太厚，并且无缝。当时在场的一位科学家——科英布拉大学的阿尔梅达·加勒特教授叙述说"一个轮廓清晰的珍珠色圆盘"，透过云层放出光芒，它开始旋转起来，由慢而快，由白色变成血红色。红彤彤的圆盘愈来愈接近人群的头顶，似乎要把他们全体压碎似的。

此时，七万目击者，不由得惊惶失色，大声惊叫起来。突然，就像它来的那样，这神秘之物又出其不意地不见了。这究竟是怎么回事，始终无人弄清楚。

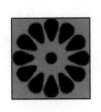

遥远的距离

外星人来到地球一定因为有先进的飞行技术。否则以光年计算的天文单位，无论如何他们也走不到地球。那么多UFO的出现，说明他们有我们人类尚不掌握的先进的本领，这种本领使星际间不再遥远。

很多科学家认为以人类目前所能拥有的航行速度，进行星际航行是不可能的。但也有人认为，外星人很可能掌握了超越光速的飞行技术，他们有可能实现星际航行并来到地球。

2002年10月31日，两位目击者在新疆维吾尔自治区伊宁市西北夜空中，拍到一个奇怪的发光体在自转，并放射出七彩光芒。时而呈圆形，时而为六棱形，时而移动，时而悬停。有人认为它是织女星，但也有人认为它是天外来客。

天文学家艾伦·海尼克是美国"蓝书"计划的顾问，他区别三种近距离见到的不明飞行物，在一定范围内目击UFO被称为第一类接触，第二类接触则是指UFO对环境产生的影响。

1994年11月30日3时，贵州省贵阳北部的都溪林场雷雨交加，突然一个巨大火球从天空飞下。后来人们发现林场里有长达数千米的林带被毁坏，林场附近车辆厂也遭到严重破坏，小火车都被摔出铁轨。科学家排除了台风、龙卷风等自然力量的破坏，专家最后的结论是一种超常自然现象。

如果火球真的存在并引发灾难，那么这次事件可以看作一次典型的第二类接触。但第一、二类接触都无法让我们确定UFO与外星人之间是否真有某种联系。

UFO列队凤凰城

> 引 言
>
> 这个世界上到底有没有飞碟，这不是一个理论问题，而是一个实证问题。见到了、找到了存在的证据，就有，反之，就是没有。

在这个世界上到底有没有UFO（即不明飞行物）的存在，至今仍是一个谜。十多年前，美国亚利桑那州的凤凰城曾有数千人目睹有巨大UFO的出现，但是被当时的州长塞明顿一口否认。十多年过后，塞明顿终于承认，他当时也看到了UFO。

亚利桑那州凤凰城当地时间1997年3月13日晚上，夜空出现五六个琥珀色的巨大光点，井然有序地排列成V形，缓慢而安静地从西北往东南方向飞行，从内华达州，经过凤凰城然后抵达土桑边境消失，范围约480千米，从晚间19时30分到22时30分历时约三个小时。

数千人目睹了这一不可思议的现象。相信有外星人存在者，便称这是外星人的飞碟。目击者形容UFO与"一架波音747"一般大小；也有目击者描述，这一不明飞行物是由五个小飞行体组合成的一架巨大的V形飞行物，每个飞行体的大小已经可与747飞机媲美。飞行途中始终保持队形，而且是固体。因为当飞行物飞过目击者头顶上空时，遮住了天空一些光线。而军方赶忙解释说是A-10攻击机训练时发出的光点。

这起事件在当时相当轰动，被称为"凤凰城光点"，《Discovery》历史频道找来目击者拍摄的影片，用照片制作节目探究，也访问了飞碟支持者和怀疑者的说法，但是终究如是否

状。从20世纪40年代末起，不明飞行物目击事件急剧增多，引起了科学界的争论。

持否定态度的科学家认为很多目击报告不可信，不明飞行物并不存在，只不过是人们的幻觉或是目击者对自然现象的一种曲解。肯定者认为不明飞行物是一种真实现象，正在被越来越多的事实所证实。到现在为止，全世界共有目击报告几十万件。

存在飞碟的争论一般，没有定论。

当时任亚利桑那州州长的塞明顿碍于州长身份，于是一口否认："我认为身为一个公众人物，你得对你所说的非常小心。因为民众会有非常情绪化的反应，我的目的是不要惊扰社会。"塞明顿当时甚至开了个记者招待会，以半搞笑的方式要把整件事压下来。此外，塞明顿找来幕僚长扮成外星人让全场哄堂大笑。

然而，十年之后，塞明顿决定道出他看到的真相："那些光真的非常的亮，真的是太迷人了，非常的大，你会觉得这是超乎世俗的。在你的直觉里，你知道这是不寻常的。"塞明顿因此成为美国第一位出面承认看到UFO的前高级官员，这也再次在美国社会中出现了炒热UFO话题的现象。

其实，关于UFO的谜，近几十年来一直都在世界各地流传。20世纪以前，较完整的目击报告有三百件以上。据目击者报告，不明飞行物外形多呈圆盘状（碟状）、球状和雪茄

美国民航机遭遇UFO

引　言

人们见到的不明飞行物大多是呈圆形的。为什么同我们人类的有翼飞机截然不同呢？这里面蕴含着科技奥秘吗？

1959年2月的一天，美国宾夕法尼亚州和俄亥俄州的六架民航飞机的机组人员，在飞行途中目击了三个不明飞行物，其中一个曾两度离开编队，降低高度，向飞机靠拢。

美国航空公司713班机的机长彼得·W·基利安看到该不明物体向他飞来时，迅速调头返航。可是，就在此时，只见那个飞行物骤然停止下降，悬浮在离飞机一定的距离之处，仿佛它的目的仅仅在于监视或观察飞机似的。过了片刻，该不明物体如闪电般地回到了编队之中。

可是，过不多久，它又突然向飞机冲来。这一次，机长基利安没有改变航向，而是镇定沉着地驾驶着飞机，同时注意着"来犯者"的动向。从那个物体的轮廓来看，它比基利安开的飞机还要大，闪着白光。他立即通过机内话机通报机上乘客，当时只有一个乘客流露出恐慌的情绪。基利安知道，要是那个奇怪的物体再向飞机靠拢一点的话，恐怕全体旅客都会惊恐起来。因此，他决定拐弯避开UFO。说也奇怪，此刻这个不明物体又迅速升高，回到了自己的队伍里。

基利安向另外两个机长通报情况，后者回话说，他们也看到了这三个不明飞行物。基利安机上一位名叫N.D.庞卡斯的乘客，是一位航空专家。当飞机在底特律机场着陆后，他向新闻记者发表谈话说：

"当时天空晴朗，我看见了那三个不明飞行物。它们呈圆形，飞行时有严格的队形，我从未见过这种现象。"

另一架飞机的机长和他的机械师亦向报界证实了此事。937和321班机的全体乘客也都证明，基利安的目击经过完全属实。他们认为，那三个飞行物是从未见过的。

"外星人高速公路"

美国政府对外星人的事情一直是讳莫如深，也许正在进行某种秘密研究。美国的UFO爱好者却因为一条"外星人高速公路"受益匪浅。

热衷于研究UFO（不明飞行物）的美国爱好者们每年都会聚集在美国内华达州375号高速公路附近。由于经常有人称在这条公路附近发现UFO，当地政府于1996年干脆将这条长157千米的公路命名为"外星人高速公路"。

驱车行驶到拉斯维加斯西北约130千米就到了375号高速公路与新郎湖公路的交界处，在这里就可以看见远方一大群UFO爱好者正用高倍望远镜遥望着天空。路边竖立着的375号高速公路路牌上，用怪异的英语字体写着"外星人高速公路"，路牌上被UFO爱好者贴上了各种各样和UFO有关的标记。

公路边上有一个名为拉赫尔的小村庄，这个村庄是由几十个帐篷和旧汽车外壳聚集而成的，居民是来自美国各地的几十个不明飞行物研究专家。这条公路早就成了他们的"朝圣地"，他们中有的人长期住在这里。"小外星人"旅店是这里唯一的汽车旅馆。这里曾开过几次UFO会议，常有一些路过的研究人员在这里聚会，讨论UFO问题。

旅店里的墙上挂满了各种UFO照片，有的是UFO爱好者拍的模模糊糊的UFO照片，上面的UFO像个闪闪发光的大盘子；有的则是卡通造型的外星人图片。四周的书架上也摆满了与UFO有关的书籍。旅店内的小卖店里陈列着各种各样与外星人有关的纪念品和玩具。

比尔·惠芬是这里的常客，他三年前来到拉赫尔定居。他在13年里见过13个不明飞行物，这13个不明飞行物都近似卵形。最近的一次观察是在晚上，他看到了一团强烈的、微白色的、闪烁着的光。这团光始于51号地区南面上空，离地面约六百米。开始他以为是一颗照明弹，但那个发光的物体不断下降，直到降到离地面6～9米处便停止不动了。强光把地面上的植物照得清清楚楚。几秒钟后，它又开始动了，以飞快的速度掠过地面，停在约八千米外的一个地方的上空，然后突然消失了。

外星人高速公路之所以吸引这么多UFO爱好者，与它附近的51号地区有密切关系。51号地区是一个美军基地。有人相信，传说中的"绿屋"就位于这个区域里。"绿屋"里可看到冷藏的外星人尸体。每届新任美国总统都要巡视"绿屋"。中央情报局的前雇员1987年声称外星人与美国政府有联系，双方达成交易：美国政府允许外星人绑架地球人，而外星人则在51号地区透露先进技术。美国空军否认有这样一个研究机构。但人们却乐于接受这些无可印证的说法。

美国科幻电视连续剧《X档案》等对51号地区的渲染更使它家喻户晓。美国军队对该基地的警戒非常严格，每隔约五十米就插着一块不准进入、不准拍照的告示。各种装置监视着周围的一举一动。如果游客闯入禁区，将面临着逮捕和六百美元的罚款。有人认为，51号地区就是美国新一代秘密军事飞机的研究、测试基地。很多人在外星人高速公路附近观测到的所谓UFO可能就是那里正在研究的新型飞机。

UFO与二次世界大战

UFO作为飞行物总是同飞机捉迷藏，玩猫捉老鼠的游戏，让各国的空军们着实恐慌不已。当然，UFO也许在观战，看到人类互相残杀，看到地球战火纷飞，看到天空血雨腥风而感到好笑、好玩。

1939年到1945年，是血雨腥风的六年，整个地球都被历史上最可怕的大屠杀震撼着（死亡人数达五千多万）。在此期间，空军第一次成为决定性因素，不仅决定着陆战和海战的胜负，而且决定着战争的进程，如德军远攻英国、盟军对德国的战略轰炸、美军对日本的空袭以及后来美国空军在太平洋战线的胜利等，莫不如此。

1944年，冲突各国总共拥有六万架飞机，而主要交战国英、美、苏、德、日每月生产飞机三百架。在五个交战大国的军队人数中，空军占35％。飞行员以其特殊的心理和身体素质、复杂的训练以及武器特点，无可争辩地成为军队的王牌。而经常面对死亡，又训练出了他们超常的反应能力。因此，1939年～1945年间空军飞行员提供的有关发现不明飞行物体的报告具有特殊的重要性。在这些情况下，任何观察失误都可以排除。参加第二次世界大战的飞机驾驶员不可能看错他们面前的敌机型号，因为，他们的生与死取决于能否快速和准确地发现敌机。在此类报告中，经常提到无法辨明的空中物体的活动，这对那些了解正在执行战斗任务的飞机发出的报告当是多么严肃而简洁的人来说，无疑是有说服力的。显然，报告中描述的两方面情况特别引起交战国参谋部的兴趣，这就是：有关飞行物

体所达到的令人难以置信的速度；它们尽管表现出"机敏的好奇心"，但并不参与冲突，不进攻，特别是在受到地球飞机攻击时也不还击。这种难以解释的表现，比采取公开敌对行动更令各国军界担忧，因为，战争结束后，每个交战国都曾把这些奇怪的空中物体当成是敌人的秘密武器。大国之间相互猜疑，无法理解这些奇怪的空中不速之客的行动和操作方式的各国参谋部，对这种现象展开了认真考察。

早在1942年～1943年间，英国、美国和德国都组成了由科学家、军事专家和王牌飞行员组成的研究小组，并配备了现代化的研究仪器和当时最好的飞机。

正如飞行员们所说，这种措施太及时了，因为，在一些王牌空军大队的飞行记录中，越来越频繁地提到了"不明空中现象"。而这些歼击机、侦察机大队是由出色的飞行员和飞机组成的，指挥驾驶飞机的是大名鼎鼎的驾驶员凯萨达、尤勒、杜里特尔、施拉德、狄雷、贝格兰德或克洛斯特曼（盟军方面），以及诺沃尼、加兰德、戈洛布和冯·格拉夫（德军方面）。他们的飞行员在空中飞行时间在一千小时至六千小时之间，每天都在打残酷的硬仗，不可能被怀疑缺乏经验或缺乏胆量。但是，可以明显地看出，他们对自己遇到的空中物体的奇特性感到震惊！从战争档案中发现，同奇怪的空中物体有过"遭遇"的著名空军大队和中队有如下这些：

英国611、616、415、122和125

大队；加拿大124和49大队；挪威177大队；新西兰286大队；自由法国阿尔萨斯374、346和341大队；捷克斯洛伐克311和68大队；波兰303大队，以及国际格拉斯戈602大队和孟买132大队。

德国空军方面：神鹰JGZ、JG26、JG52和JG53大队。

美国空军方面：第8、第9军飞行大队。

许多这方面的报告引起了军事家和科学家的共同兴趣。

1942年3月25日，英国皇家空军战略轰炸机大队的波兰籍突击队员罗曼·索宾斯基奉命对德国城市埃森进行夜袭。任务完成后，他驾驶的飞机升到五千米高空，借助漆黑的夜色掩护，返回英国。经过一小时的艰难飞行，飞机飞出了德国领空。正当索宾斯基和他的伙伴们松了一口气时，后机关炮炮手突然发出警报说，他们的飞机正被一个不明物体跟踪。"是夜空猎手吗？"驾驶员问，他心里想的是危险的德国空军驱逐机。"不，机长先生！"炮手回答，"它不像是一架飞机！没有清晰的轮廓，而且特别明亮！"不一会儿，机上的人员都发现了那个奇怪的物体。它闪着美丽的橘黄色光亮。于是跟任何处在敌国上空的有经验的驾驶员一样，索宾斯基机长当即做出反应，"我想，这大概是德国人制造出的什么新玩意儿。"于是下令炮手开火。但是，使全体机

组人员感到惊愕的是，那只陌生的"飞船"尽管离轰炸机只有将近150米，又被大量炮弹击中，但并不还击，而且显出满不在乎的样子。炮手们惊惶失措，只好停止射击。那个奇怪的物体就这样静静地伴着轰炸机飞行了一刻钟（此间机上人员的神经紧张到了极点），然后突然升高，以难以置信的速度从波兰飞行员的眼前消失了。

1942年3月14日17时35分，德国空军设在挪威巴纳克的秘密基地突然进入紧急状态，因为雷达上显示出一个陌生空中物体正在飞行。基地最优秀的飞行员、工程师费舍上尉立即驾驶一驾M-109G型飞机起飞，并成功地在3500米高空截住了该物体。这位德国飞行员后来在报告中写道："陌生的飞船似乎是金属制造的，形状如一架机身长100米、宽15米的飞机。前端可

以看见一种天线一样的装置。尽管没有机翼，也看不见发动机，这艘飞船在飞行中能完全保持水平。我跟踪了它几分钟，然后，它突然升高，以闪电般的速度消失了。"费舍上尉截住它的打算失败了。基地雷达站再没有找到它的影子。尽管这位德国上尉是造诣很高的军事专家，但他承认自己鉴别不出这艘飞船究竟是什么东西。他深感惊叹的是，它的速度非常快，机身没有机翼却操作异常灵活，而且不倚仗自己的优势把费舍上尉的飞机击落。

1942年2月26日，荷兰巡洋舰"号角号"被一个陌生的空中物体连续跟踪了三个小时。巡洋舰上的船员说那个物体是"一个像铝制的圆盘"。银灰色的"圆盘"并不攻击巡洋舰，而只是好奇地尾随着它，也不害怕舰上全都向它瞄准的炮口。荷兰人发现这个奇怪的物体并无恶意，于是放弃开炮的念头，只是惊愕地注视着空中"圆盘"的复杂操作。为巡洋舰"护航"了三个小时之后，"圆盘"突然加速升高，以每小时大约6000千米的速度消失了。

1943年10月14日，拥有全欧洲最重要的滚珠轴承厂的德国城市施魏因富特遭到盟军的空袭。在这次著名的大空战中，参加攻击这一头等重要目标的有美国空军第8军的七百架"空中堡垒"波音B17型和"解放者"联合B24型重型轰炸机。担任护航的有

1300架美国和英国歼击机。空袭的目的达到了，施魏因富特滚珠轴承厂被夷为平地。但盟军损失也很大：111架歼击机被击落，将近六百架轰炸机被击毁击伤；而德国人只损失了300架飞机。德国人在这次空战中投入了3000多架飞机，第一次突破了盟军轰炸机的密集队形（每70架飞机组成一个方阵）。看来，那个空中战场确实像一个地狱。法国驾驶员皮埃尔·克洛斯特曼把它比作"一个大鱼缸，里面的鱼全发了疯；一场真正的噩梦，任何人除了奋力保命而无暇他顾"。编入一个B17轰炸机方阵的英国少校R.T.霍姆斯却报告说，在他的飞机编队到达目标上方开始发起攻击时，一些闪闪发亮的大圆盘突然迅速地靠拢过来。那些奇怪的"飞船"（其大小与一架B17型轰炸机差不多），穿过美国轰炸机方阵，似乎对机群的700

门机关炮的疯狂射击以及地面上无数高射炮组成的火网并不在意。美国飞行员们惊讶地发现那些奇怪的"无翼飞盘"并无恶意，对他们的疯狂射击也不反击，只是静静地飞远了，一点也没有妨碍他们的轰炸。不过，驾驶员们也没有时间按照美国的高贵传统问一问："这些疯子是什么玩意儿？"因为正在这时，德国的歼击机群出现了……霍姆斯少校的座机侥幸得以平安返回基地，下飞机后他的第一件事就是向皇家空军统帅部递交了一份详细报告。英国的军事专家和科学家们对报告的内容既感兴趣，又迷惑不解，猜测它们可能是德国人研制出的新型秘密武器，因为飞盘刚巧在德国飞机到来前十分钟出现。1943年10月24日，作战部对情报部发出一份指令，命令火速查明这件事。三个月后，英国情报部门汇报说，奇怪的闪电圆盘跟德国空军以及世界上任何一国的飞机都毫无关系……它们纯粹是一些UFO——不明飞行物。

1943年12月18日，从11时45分起，德国设在赫尔戈兰岛以及汉堡、维腾贝格和诺伊特雷利茨市的雷达站相继发现一大群圆筒形物体以每小时三千千米的速度不声不响地从空中飞过。德国空军拥有当时世界上飞行速度最快的飞机（Me-262：时速925千米），但是，德国指挥官们一想到这些魔鬼般空中圆筒可能是盟军投入战斗的新武器时，心中就不寒而栗……

1944年2月12日，在许多将领的参与下，在德国的秘密基地孔梅尔多夫发射了第一枚V-2型导弹。这次试验的目的是为了检验这种超音速导弹（当时还没有任何武器可以将它截击）的性能。当然，这一事件从头至尾都被拍成电影。但是在冲洗胶片时，技术人员惊愕地发现，他们那无与伦比的导弹在飞行过程中始终被一个不明的圆形物件跟踪。那物体竟然还若无其事地绕着导弹飞行。基地上的人们发

现不了那个物体，因为它的飞行速度超过导弹：时速两千千米。这件事当然发人深思，引起了巨大恐慌。希特勒和戈林都很恼火，认为盟军通过发射间谍装置把他们寄托全部希望的V-2型导弹秘密武器了解得一清二楚，而且敌人研制出的武器超过了它。在他们看来，那个奇怪的飞行物如果不是敌人的武器又是什么呢?!

可笑的是，英国人也为同样的问题大伤脑筋。海军元帅严厉地斥责飞行员，因为他们在1943年竟然允许一个陌生的物体在英国庞大的海军基地斯卡帕弗洛上空自由自在地翱翔。当然，奥尔卡德群岛基地上的喷火式战斗机没有能够拦截住一个时速达3000千米的飞行物体，这对海军元帅来说无关紧要，他只是不失身份地警告皇家空军："这样的事不容许再次发生！"

1944年9月29日，在德国最大的秘密试飞基地正在检验一架Me-262型飞机，在1.2万米高空，驾驶员发现一艘奇特的飞船，纺锤形，无翼，但是有舷窗和金属天线。据德国驾驶员估计，飞船长度超过B17型飞机，它以两千千米的时速从基地上方掠过，德国

喷气式战斗机尽管超高速飞行，也没有能够截住它。

1944年11月23日22时，美国空军第9军415大队的两架野马P-51型歼击机在他们设在英国南部的基地上空巡逻。驾驶员E.舒勒和F.林恪瓦德中尉对这种老一套的飞行腻味了，打算进行一些完全非军事性质的动作，好让基地的雷达兵们开心。突然，两位中尉惊慌地报告说，发现一个由十个明亮的大圆盘组成的飞行大队快速地掠过他们上空。两架野马式歼击机立即上仰，组成战斗队形想截住那些奇怪的圆盘。但尽管开足了最大马力，时速达730千米，两个驾驶员仍觉得他们简直是在圆盘后面爬行。基地雷达站指挥官D.麦尔斯中尉一直注视着这场空中的疯狂追逐，认为"猎物"的速度至少要比"猎人"的大四倍，于是建议他们最好放弃跟踪。这正是驾驶员求之不得的，因为他们飞机的发动机已经热得很厉害，有爆炸的危险。就这样，经过13分钟毫无结果的追踪之后，两个驾驶员返回了基地。他们汗如雨下，大声地痛骂那些"该死的怪物"。

如此众多的报告汇集到各国参谋部办公桌上来，终于使军界要员们恼羞成怒，三个空军大国（美、英、德）政府命令着手进行一系列正式的（当然是秘密的）调查。

在美国空军的强烈要求下，情报部门早在1942年率先开始调查。但

是，鉴于这些空中不速之客的表现，总的看来并不构成对盟军的威胁，而且它们不太可能属于德国人，这个问题被排除出了紧急军务之列，只是建议专家们继续进行研究。可是由于某种原因，美国空军一点也不喜欢在这些陌生的空中物体（不论它们属于谁）面前表现出明显的低人一等。于是，美国空军就同不明飞行物结下了"深仇大恨"，这种情况至今还给美国官方对飞碟的态度打下了烙印。

可是在英国，皇家空军成立了一个由许多科学家和航空工程师组成的专门小组和一个受过专门训练、配备有英国最先进飞机的拦截大队。该小组由空军元帅L.梅塞领导，这充分证明英国空军对研究不明飞行物的重视。这些研究是为了弄清这些经常出现在盟军飞机附近，而飞机上的火炮损伤不了它们一根毫毛的物体究竟来自何处，它们行动的目的是什么。不幸的是，飞碟研究小组得出的结论在过去和现在都是"绝密"……

在德国，空军对飞碟的兴趣也一样大。1942年，成立了"十三号专门小组"。从那时起，直到1945年，这个小组在"天王星行动"计划内，一直从事对奇怪空中物体的研究。这个小组拥有第一流的专家和最先进的仪器，而且在那样一个时期，当国内一切资源都用于前线时，还调了整整一个Me-262型飞机中队供小组使用。这充分说明，德国空军意识到必须高度重视这个问题。

当然，在历史上这场最可怕的战争中，交战各国的空军参谋部都不太情愿考虑这些飞行物体有可能是一些外星文明的信使。普遍同意的理论认为这些飞行物属于敌方，而它们同我方飞机相比所具有的明显优势性造成了内心的恐惧。在战争结束之后，当研究专家们有可能看到部分档案时，这种恐惧才被暴露出来。弄清一些问题，以保持公众舆论的斗志，这种办法在战争期间经常使用，战后也被延续下来。今天人们对待飞碟的态度和方式仍然打着这样的烙印。

UFO "威胁" 美国

不明飞行物对电流产生作用，许多目击报告都谈到了这一点。1957年，美国空军的研究人员发现，不明飞行物是通过某种受控电磁波来干扰我们的电路的。汽车灭火、引擎停转、飞机导航仪及无线电通讯受干扰，这些现象十分危险，特别对正在航行中的飞机来说，必然是凶多吉少。然而，还有一种威胁严重地影响了公众的生活，那就是大规模的停电事故。

令人不安的停电事故在美国重要城市纽约发生了。1957年11月9日当一个着火的圆球体向低空下降时，各个电器和电网的电压就开始急剧减弱。汉考克机场的几位工作人员看到了一个不明飞行物，而刚从飞机上走下来的航空局官员沃尔什则发现，那是一个十分巨大的物体，它缓慢地在低空飞行，几分钟后，沃尔什又看到了第二个不明飞行物，它同第一个一模一样。

这时，教官韦尔登·罗斯正驾机向机场飞来，当时他还以为是地面的

房屋起了火。可是，罗斯和坐在他后面的控制论专家詹姆斯·布鲁金吃惊地发现，那个"通红的火球"竟离开了地面。它的直径三十米左右，它急速飞行，转瞬间便消失在夜空。

当时，机场一片漆黑，罗斯凭着自己的经验安全地着陆了。下了飞机后，他立即向指挥塔和沃尔什做了报告。

据罗斯判断，那个不速之客悬停的位置在克莱配电站上空，该配电站控制着全纽约市的用电。当时正是

市民们到郊外去度假的时候，停电事故使600列地铁火车停驶，60000人被困在漆黑的隧道里。此外，数以千计的人亦被关在电梯中，欲坐不能，呼之无应。市内桥梁和地铁隧道一片混乱，大小汽车你挤我撞，交通事故一个接着一个。

那天晚上，拉瓜迪亚机场勉强飞出了几架飞机，但肯尼迪国际机场只得取消全部航班，准备在该机场降落的飞机也只好改而飞往其他机场。

纽约陷入了黑暗，消息立即传到了华盛顿的白宫。当时的美国总统约翰逊马上命令紧急战备部颁布全国处于紧急状态。那个晚上，他彻夜未眠，一直守在电话机旁，每五分钟向紧急战备部询问一次情况。能源专家们一筹莫展，无法解释这突如其来的、大范围内的持续停电现象。他们认为，供电和控制系统是万无一失的，绝不可能是线路上的问题。

后来，困在地铁隧道里的乘客一个个摸黑走出了隧道。各家电台也启动备用发电机，使中断了的广播又响了起来。

最苦的是困在电梯中的人：有的惊恐万状，发出绝望的嚎叫；有人砸开电梯的门，艰难地爬入楼内；而大部分人则只好呆在电梯里静候了数小时才获得"解放"。事后，曼哈顿和纽约市的救护车统统出动，医院急诊室里挤得水泄不通，疯人院里的床位都被抢订一空。据一则消息透露，连圣帕特里克大教堂也住满了精神失常的人。当时，有人认为是敌人发动了闪电战，也有人以为天外来客入侵了地球。

大家议论着这次波及八个州的停电事故。要知道纽约周围的电网可都是新设备。几家发电公司的负责人纷纷向电台发表谈话，表示不理解这次事故的原因。约翰逊总统当夜召开紧急会议，下令联邦能源委员会马上进行调查。空军参谋部的官员们希望该委员会仅仅从技术设备入手，去寻找

停电原因。然而，翌日清晨，各家报纸都把昨晚目击到的UFO说成是"罪魁祸首"。

锡拉丘兹市的《先驱报》率先发表了有关1957年11月9日夜目击UFO的报告。该报在显著的位置强调指出，有人在克莱配电站附近见到了奇怪的飞行物。接着，印第安纳州波利斯市的《明星报》也发表文章，《明星报》的结论是："……答案只有一个——UFO在作怪……这至少是调查员们不能掉以轻心的一个假设。"

后来，美国东北部最大的发电公司的经理查尔斯·普拉特先生打破了几天的沉默，向报界发表谈话："我们不知如何来解释。不过，我们的线路没有断，发电机组没有毛病，保险器也没有发生故障。"

爱迪生电业集团的发言人认为，这次停电事件，令人奇怪："大量的电能莫明其妙地被什么东西吸走了，仿佛整个电流都通入地球似的。我们无法做出解释。"

联邦能源委员会主席约瑟夫·C.斯威德勒一筹莫展，两天之后，他不得不垂头丧气地说："东北部的停电大事故，很可能永远也找不到答案。而且，谁也保证不了今后不会发生类似的事件。"

11月14日，加拿大总理电告FPC，加拿大打算退出加拿大—美国联合电业集团，以防止美国的停电事故给加拿大带来的损害。

同一天，美国全国广播公司评论员弗朗克·麦克吉在电台里播发了一份新的UFO目击报告。麦克吉说，在大停电事故前夕，一名飞行员曾看到一个红彤彤的球体在尼亚加拉瀑布城电厂附近的上空飞行。美联社立即转发了这条消息，许多报纸都做了报道。

11月15日上午，纽约《美国人杂志》就锡拉丘兹《先驱报》的文章发表的长篇评述指出，事件是UFO造成的。此后，人们普遍认为，外星人派来的飞碟截断了城镇的电流。《动力》月刊主编经过周密地调查，发表了一份证据确凿的报告。内称：

"11月9日下午，亚当-贝克2号机运转正常，它用五条线路为多伦多送电，负荷远远低于设计能力的极限。可是，好像有一股异常强大的电流突然流入似的，一台继电器猛烈爆炸，一条线路被炸断。"

"这件事只是正常工作中的一件小事，只要稍加检修便可以恢复线路。然而，一场恶梦开始了：仅仅过了四秒钟，整个加拿大—美国电网陷入了瘫痪。"

经过长期的调查，专家们私下里认为，只有一种解释，即有一股强大的电磁波袭击了电网，在转瞬间产生了超高电，烧毁了克莱配电站和亚当-贝克变电站的设施。

经多年的研究证明，UFO有中断电流的本领。可能是它致使美国东北部电网发生了严重的停电事故。

UFO屐痕处处

　　太多的奇异现象至今也没有明确的答案，但却有些共同之处。这些不明飞行物均是几米到十几米的长度，它们不但能在空中快速飞行，还可停留在地面上，而且在地面上都留有一些痕迹。那么，它们究竟是什么呢？众多的人看到的相同或相似的现象，不能不引起人类的深思。

　　1950年9月27日，美国宾夕法尼亚州费拉德尔菲亚警官约翰·柯林斯和约瑟大·凯南在一块开阔地上看见一个直径有15厘米长的物体在地面上飘浮着。他们走近这个闪光的物体，柯林斯想用手把它捡起来。但是，他用手接触到的那部分突然融化了，变成了黏黏的、无味的东西。不到半小时，整个物体就全部蒸发掉了，在原地留下了一片污渍。

　　1952年8月27日，美国北卡罗来纳州伦伯顿·加布里埃尔·杜洛切尔和另外四个人分别报告说，他们都看见了一个奇异的物体。杜洛切尔在步行的时候，在一片空旷地上看见一个物体。这个物体离他有九米远，发着蓝白色的光。在它开始旋转着垂直上升的时候，喷射着蓝色、黄色和红色的火花。该物体直径大约有九米，高三米。这个物体消失后，在地上发现有压平的痕迹。

　　1954年9月22日，美国密苏里州马什菲尔德，杰克·威廉斯和欧内斯特·阿森在搜索营大道停住了他们的卡车，观看远处"银色物体的编队飞行"。后来，他们注意到一个大约60

米远、180米高处的物体。它的形状像一个不平的飞镖，一头比另一头长些。它有18米或21米长，很薄，寂静无声，呈暗褐色。在靠近慢慢旋转着的机翼的末端有两条黑色的条纹，在阳光的照射下看起来颜色比较浅。它缓慢地上升，又迅速地向下跌落，喷出一种烟雾或是蒸汽。然后，它垂直地落到一片树林里。他们走进树林去寻找这个物体。他们说："几分钟后，我们在地上发现了两块完全成了粉末状的东西。却没有发现任何动物的足迹。"

1954年10月27日，美国俄亥俄州马里斯维尔，在学校的操场上，孩子们把校长喊来，因为他们看见了一个耀眼夺目、形如雪茄的物体正从学校上空飞过。突然，它又以惊人的速度水平地向西移动。在场看到这个物体的有校长罗德尼·瓦利克，老师乔治、迪特玛和大约60名学生。这个物

体的尾部拖着一条白色的、像网一样的东西，它像棉花一样飘落下来，将树林、灌木都盖上了。这个东西非常"坚韧"。当人们用力地拉它两头时，很难把它拉断。人们刚刚拉住绳子一端时，它就卷成一个球，然后便粉碎了。

1955年3月30日，美国亚利桑那州塔克森，音乐家安迪·弗洛里欧正开着汽车在80号公路上从塔克森向埃尔帕索行驶。突然，他看见一个"圆盘状的飞行器"……直径至少有30米长，75厘米厚。这个圆盘呈乌金色或青铜色，周围突出的边缘发着琥珀色的光芒，顶部向上照射，并闪烁着浅蓝色的光。弗洛里欧说，"它发出一种音量很大，很柔和的电器的嗡嗡声。当我从汽车里出来，站在靠近驾驶椅一侧时，我看到它左右摇转，前后摆动，调动着它的中心轴……它歪向一侧，向我发射出一束使人眼花缭

乱的白色光线，把汽车顶盖上的漆都烧起了泡，同时也烧了我的眉毛。"弗洛里欧说，他当时觉得全身发热，好像针刺了一样。事情发生后，他恶心了几个星期。当时，汽车上的收音机不响了，车灯暗淡，汽车即使以每小时12~15千米的速度缓慢行驶，马达也还是咔嚓、咔嚓地响。这位目击者说，"好像它会随时停下来似的。"第二天下午，当他到达埃尔帕索时，"电瓶里的酸液有一半已经漏掉了，我的收音机也完全烧坏了。"

1955年7月22日，美国俄亥俄州辛辛那提，当E.M先生正蹲在靠近一棵桃树的地上修剪草坪时，突然"一种呈暗红色的液态物质向着我和树飞来"。他抬起头，看见了一个梨形的物体在大约三百米的高空缓慢地从西向东移动。当他抬头观看的时候，他的手掌和手臂都感到被烧得很痛。但

是，当他用水洗过以后，疼痛感就立刻减轻了。第二天，M先生去检查桃树时，发现大部分树叶都变黄而落下来了。那些细树枝和大的树枝也非常脆弱，桃树似乎"石化"了似的。树干变得非常坚硬，很难用指甲抠进去，树底下的草也都枯死了。

1957年7月30日，加拿大安大略省加尔特，15岁的杰克·斯蒂芬斯看见了一个圆形的、顶部有盖的发光物体在地面上空飞行了大约45分钟。这个物体的主体旋转着，而顶盖则不动。当转动的部位转速减慢时，斯蒂芬斯能够看到一些很小的发光部位。这个物体在上升后，又水平地飞行，以很快的速度消失了。当调查人员检查这片地区时，发现了一些折断的树枝，地面上有烧焦的痕迹和几个长45厘米的压痕，其形状颇像一个三趾的动物足迹。足迹之间的相互间距大约有4

米、4.5米和5米。灌木丛周围的草都枯萎了。很多树枝明显地像是被大风吹卷了似的成了一团团圆堆。

1957年11月6日，美国田纳西州丹特，12岁的埃弗雷特·克拉克带着他的狗出去玩。突然，他看见了一个物体落在离他大约有100米远的地上。他觉得自己像是在做梦，因此回到家里躺在了床上。20分钟后，他出去找狗，发现他的狗和另外几条狗被这个物体截在路的对面。他看见，物体外有两个男人和两个女人在企图捉住其中的一条，却没有捉到。最后，这个物体垂直上升，飞离而去，一点声音也没有。这个物体又长又圆。事后，在现场的草地上，人们发现了一个椭圆形的压印，约7.2米长，1.5米宽。

1957年11月6日，美国俄亥俄州蒙特维尔，28岁的奥尔丹·摩尔正驱车在回家的路上行驶。突然，他看见了一个物体（像一个发光的流星一样）被分成两半，一半垂直升空；另一半则变换着颜色，当它从白色变到蓝色时，就显得更大了。它带着一种柔和的忽悠声落在离他150米远的地方。在对它进行了15分钟的观察后，摩尔走

了过去。他发现，这个物体的形状像一个"扣起来的盘子"，直径有16米长，5.5米高。它顶部有一个大约4.5米高的锥形物被烟雾索绕着，缓缓地、有节奏地震动着。后来，天文博士肯尼思·洛克在现场发现了小洞、脚印和放射现象。

1959年9月7日，美国肯塔基州瓦林德，有人发现一个盘形的物体在接近地面的低空飞行，然后又垂直地起飞到一定的高度，之后便开始水平移动。后来，人们在现场发现了一个直径有四米长的、被玷污了的圆形痕迹。通过对该处土壤的光谱分析，土壤中含有黏土地区很少能有的铬、铁和锰元素。

1960年4月12日，美国路易斯安那州拉塔帕，一位目击者报告说，他曾看到一个盘状的红色物体从南面很快地飞过来，在离他大约有三百米远的地面上触地，发出了很响的爆炸声，当时有很多人都听到了。他还看到了一团火焰。这个物体向东弹了一下，又升起来向西下去，然后便消失了。调查人员发现，现场上有九处痕迹，同时还发现了一种像金属漆一样

的物质。

　　1964年6月14日，美国印第安纳州代尔，查理斯·英格尔布里奇特先生的电视机和所有房间的电灯都突然熄灭了。于是，他走到外面，看见了一个直径有1.8米长、发着蓝白色光的物体落在离他大约18米远的地上。当他企图接近这个物体的时候，就感到被电流轻微地击了一下，站在原地不能动了。后来，人们在现场发现了一块被烧的地方，地上有一个呈三角形的压痕点，压痕的深度和直径都接近2.5厘米。在这个物体着陆点的周围，花园里的植物都枯死了。

　　1964年9月4日，美国新泽西州葛拉斯堡罗，有两个孩子看见了一个发着红光的球形物体落在一片树林里。当他们走进这个物体着陆的地方，便在树林里发现一块空地，这块空地已被烧焦了。在一个圆形痕迹内的植物都被烧光了。周围的大树在9～12米高处的树枝都被折断了，有的则垂了下来。空地的中心有一个直径75厘米、深45厘米的洞。洞口堆着泥土和沙子，也都被熏黑了。在这个洞的旁边

有三个等距离的、深15厘米的洞。这个圆形压痕区域的直径是9米。

　　1964年11月8日，加拿大魁北克省圣亚历克斯德蒙斯，勒贝先生在离他大约七百米远的地方看到了一个发光的物体，其高度和一棵大树相同。他在现场发现了一个很大的圆形痕迹，圈内的植物都被压倒，树枝被折断，树干也被炙烧了。

　　1965年1月25日，美国弗吉尼亚州马里恩，警察伍德·达耐尔一家和几个邻居在地上看见了一个静止不动的物体。不一会儿，它就带着喷射的火花飞走了。人们在现场发现了一些树木连根都被拔了起来，倒在地上，被烧毁了。

　　1965年3月15日，美国佛罗里达州45岁的吉姆·弗林在打猎的时候看见一个发光的物体。它的直径有21米长，有约53厘米长的舷窗。它发出一

种嗡嗡的声音。当弗林走向该物体，离它只有24米时，一束光线向他射来。他失去知觉达24小时之久，他的右眼失明，左眼的视力也很弱了，在医院里住了五天。在现场，人们发现一个直径22米的圆形压痕，里面的草都烧光了，地上的土壤翻掀起来，树木也都被烧毁了。

1965年10月，美国宾夕法尼亚州比弗福尔斯县莫诺克镇，一位目击者在靠近他家的干草地上，看到了一个奇怪的物体：它形如倒扣着的碗，呈银灰色，直径大约有13.5米，高6米。这个物体的上部有三个间隔相等的"舷窗"。从舷窗中可以看见里面各种色彩的柔和的光。从其中的一个舷窗上，可以看见里面有东西活动的影子。这个物体似乎在离地面不高的地方悬停了一会儿，悬停时，从底部射出来的大约八至十条光束，好像支柱一样。借助这些光，目击者可以看见后面的树。目击者马上开车回到家里，把他妻子带回现场。当他们刚从汽车上下来，这个物体就发出了一种喷气的声音，然后收回光束飞起来了。目击者看见物体的底部有一个直径大约十米的圆圈，颜色较其他部分暗得多。第二天，目击者在现场发现了一个直径有50厘米、厚1.6毫米的金属盘。盘的中心有一个孔，孔的周围环绕着八个小孔。经过专家化验分析，这个盘是由不锈钢合金制成的，盘沿有磨损的痕迹，看来是由于封漏

而造成的。

1967年2月9日，美国堪萨斯州戈达德，当地警方接到了一份报告：一个深红色、闪烁着多色光的物体在戈达德上空飞行。一条奇异的、像射线一样的光束从这个物体上射出来。这个物体在空中飘荡了两个多小时。一个旧谷仓被物体上射出的光束烧毁了。

1967年2月11日，美国俄亥俄州米尔福特拉斯公园，19岁的沙伦·希尔德布兰德看见了一个直径有九米长的物体，呈蘑菇状。当时她和费尔法克斯市的米查尔·麦克基在一起。这位少女说，"大约凌晨1时45分，我们是在米尔福东边漆黑的夜幕中看见这个东西的。麦克基从汽车上下来，呼吸着新鲜空气。他让我把他总是带在身边的手电筒递给他。当我递给他后，他说，'你看见前边的那个东西

了吗？'于是，我看到一个高大而极瘦的人。"他们马上离开现场，报告了警方。一位警官和他们一起赶到现场，他们发现了一些刚刚被折断了的树枝（从手指粗细到手腕子粗细）从大树权上垂到地上。

1967年3月21日，美国伊利诺斯州新巴登，两个女人，一个51岁，另一个21岁，正在屋里睡觉。突然她们被热醒了，透过窗户，她们看见一个盘形的物体停在地上。物体的表面发着柔和的白光，中间是一圈圆形的亮光。物体的下部是闪着红光的光圈，底部很明显地有个底托。它垂直地上升，稍稍停了一会儿，又水平地飞去。接着，它又来了个急转弯便消失在树林后面。在现场，她们发现了一块直径有16米的圆形痕迹。圈内的植物都枯萎了，圈外有五个洞，直径0.9米，深25厘米。每个洞里都有一种暗色的、气味难闻的液体。一名空军军

官曾到现场看过，却没有取样。现场直到1972年仍寸草不生。

1967年5月20日，加拿大曼尼托巴省法尔孔湖，52岁的斯蒂芬·迈凯拉克看见两个带圆顶盖的物体在天空飞行。其中的一个在40米远的地方降落；而另一个则在云层中消失了。这个物体直径有10.5米，上面有像通气孔似的窗口。每扇窗高约15厘米，宽约22.5厘米，并有30个小孔。他企图从一个孔朝里面看，结果被一股热流击倒在地。一分钟以后，这个物体消失了。其后，目击者因腹部一度烧伤，病了很长一段时间，人们在现场发现了一处很大的压痕。

1969年7月13日，美国衣阿华州万霍恩，16岁的帕蒂·巴尔和19岁的凯西听到一阵像喷气式飞机的声音之后，便看见了一个盘形的物体。这个物体呈黑灰色，中心的周围有一圈橘红色的光带，逆时针向左旋转，物体表面的金属清晰可见。清晨，当沃伦·巴尔查看他的大豆地时，他发

现地上有一个圆形的压痕，直径有12米，圈内种的大豆全部枯萎，豆秆也黄了大约7～10厘米高。但圈外的植物依然生长旺盛。

1970年12月28日，美国加利福尼亚州棕榈泉，一个目击者看见在离他不远的山边有两个闪动的亮光。他看了几分钟以后，打电话给最近的飞机场，机场的人也看到了这两个亮光。在现场，人们发现了两个圆形的压痕，圈内有一块发了霉的棕色金属。

1971年7月20日，加拿大圣西阿金斯，一个目击者在一个多云的傍晚，看见五个巨大的红色亮光似乎在绕着一个深色的东西旋转。然后这几个亮光就分开了。这些亮光都是红色的，在离树顶大约4.5米高的地方飘浮着。过了一会儿，亮光全部消失，就再也没有出现。第二天清晨，在庄稼地里，他发现了一个直径有3.3米的圆形压痕，庄稼被压坏了，而且圆圈的中心还被烧过，但其周围烧得不多。在

现场以东135米远的地方，他又发现了另一个相同的圆形压痕。

1971年11月2日，美国堪萨斯州德尔福斯，一个16岁的男孩看见了一个发光的物体在离他大约22米远的地方接近地面飞行。该物体有3米长，2.7米高。这个物体后来上升，被这个孩子的父母看到了。它发出一阵隆隆声，在地上只停了三分钟左右，当它上升的时候声音变得很尖。事后，人们在干燥的地面上发现了一个直径有2.4米长的圆形痕迹。圈内有热气，一棵树被撞倒了。对圈内取样的七种不同的土壤分析报告表明：与附近的土壤比较，这些土不吸收水分，含酸量大，且含盐量高；这些土壤的含钙量比一般的土壤多出五至十倍，有些像矿物质。在圈内，土壤中的庄稼产量很低。土壤微粒外面包着一层碳氢化合物，将这种化合物加热到100℃，或是用乙基酒精可以除掉。这种涂层是一种低原子量的材料，里面是球形的高

原子量的物质。在这些土壤微粒中，人们发现了一种独特的、有0.1～0.5微米长的冰柱形结晶体，这是一种过去人们从未见过的低原子量结晶体结构的物质。

1971年11月13日，美国加利福尼亚州卢塞思峡谷，三个圣安娜的猎人看见了一个正在飞行的物体。这个物体很亮，大小像一辆汽车，呈盘形。在它消失几分钟后，他们又看到了一个发光的橄榄球状物体在下降。在它着陆后，从上面走出个"什么东西"，这个"东西"在地面上滑行着。三个人盯着它看了几分钟。太阳出来后，他们来到现场，发现地上有五个圆形的压痕。其中有三个构成三角形，三角形的边长分别是4.2、4.3、3米；另外两个相距三米远。

1972年8月17日，美国阿拉斯加州诺顿·桑德，约翰·契穆克中士和他的妻子看见一个橄榄球状的物体在慢慢地

飞行。在这个物体顶部的突出部位上有几扇窗户；物体侧面发红光，底部发白光。它降落在地上后，停留了五分钟，然后就飞走了。上尉汤姆·威廉斯调查现场时，发现有0.9米宽的地面被物体的底部压平了，地上的草也被烧过。经化验，土壤是阴性的。

1974年3月23日，美国北卡罗来纳州高点，兰德尔·霍尔和小B.巴麦亚当斯驱车在接近109号公路的五月路上行驶。正当他们看到停车信号减慢速度的时候，看见前面(在他们正接近的公路的另一边，一片树木上空45米高的地方)大约三百米远处，一个发光的粉红色三角形的角上发着强烈的红光。当它慢慢下降时，他们可以透过树木的空隙看到它。后来就消失了。第二天清晨，他们来到现场，在地上发现三个直径三米的圆形压痕，压痕中心的草被压平，圈外的草也被折断了。

1974年4月30日，美国纽约州阿尔塔蒙特，鲁思·柯勒夫人和她的女儿看见一个发光的东西在距她们家几百米处的地方移动着。当时，左邻右舍的狗都在汪汪地叫。她们朝着那个东西走过去，看见了一个顶部有窗口的椭圆形物体在公路上空飞行。这个物体发射着耀眼的金光。另外，还有一个形状模糊不清的东西在它旁边活动着。当这两个目击者走近时，物体升了起来，很快就消失了。翌日，目击者在现场发现了一个直径有18米的地

区被烧过。

　　1974年8月28日，加拿大不列颠哥伦比亚省德尔塔，三个目击者看到一个盘形的物体。物体的顶部有一个方形的突起部，突起部上有孔，物体的底部发红、绿和白光，并有一个排气孔。它飞过一条河，落在一块空旷地上。它下降时发出一阵嗡嗡声，上升时则喷出一股蒸气。这个不明飞行物在离目击者45米远的空中停了十分钟。事后，在现场，人们发现那片地已被熏黑了，黑渍渗进土壤10厘米。

　　1974年9月1日，加拿大萨斯喀彻温省兰根伯格，埃德温·弗尔看见离地面3.3米高处有五个物体在水平地飞行着。它们都呈盘状，直径大约为3.3米，厚1.5米。他看到它们在高高的草丛中活动着，每个物体都在高速旋转着。离目击者最近的一个物体只有4.5米远。当时正在下小雨，风不大。物体以一种阶梯式的队形向上升，在60米高空停住，形成一条直线。每个物体都排出烟雾，一阵向下的旋风将它们下面的庄稼吹倒。后来，物体消失在云雾之中。在现场，人们发现五个圆形的压痕排列成一个半圆形。有四个直径是3.3米，一个2.4米。圆圈中心的草没有受到损害，但呈顺时针方向倒伏。

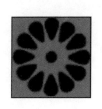

越南UFO爆炸事件

不是飞机爆炸，也不是火球爆炸，也没有试验原子弹，那么，又是什么在天空中爆炸？

越南国营媒体2008年5月发布消息称，越南南部富国岛上空有"不明飞行物"（UFO）爆炸。前一天，柬埔寨空军一度表示有飞机神秘坠毁，但是后来又撤回这项消息。

爆炸是在当地时间27日上午10点在距离柬埔寨贡布省10千米的富国岛北方发生。越南新闻通讯社指出，当地居民找到许多灰色金属碎片，其中一片长1.5米。

这篇标题为"UFO在富国岛上空爆炸"的报道说，"爆炸是在距离地面约八千米空中发生，或许是一架飞机，但是当局无法证明是民用飞机还是军用飞机。"报道说，当局已经派出士兵到现场搜集残骸并搜索是否有生还者，并且联系越南、柬埔寨和泰国的航空公司，但是都未收到有飞机失联的报告。

富国岛居民27日表示，他们曾听到很大的爆炸声，隔天居民就向媒体表示在海岸边发现小块的金属残骸。柬埔寨军方27日曾表示接获报告有一架外国客机在贡布省附近坠毁，但是后来又收回这项说法。

UFO巧遇直升机

引言

相距70多年的相同不明飞行物出现在同一个国家。看来外星人也要分类。来自不同星球的外星人及其飞碟可能也不同，而同一星球上的飞行物难免会有某种相似、相同之处。

这是一次很特殊的UFO目击事件。目击者是四个美国军方认为很可靠的军人：陆军直升飞机驾驶员柯尼少校，副驾驶员杰西中尉，空军卫生兵海利上士和士官长扬纳西克。

1973年末，某天晚上十点半，他们四人从哥伦布空军机场搭直升飞机起飞，这件事就发生在他们从哥伦布到克利夫兰的半途中。飞机爬升到大约750米的高度，平稳地向前飞去。第一个发现UFO的是扬纳西克。他注意到在水平方向上有个小红光点。三四十秒钟后，柯尼少校看到这光点笔直地向他们的飞机飞来。飞机上的无线电识别仪发现它的时速在六百千米以上。这个物体继续朝直升飞机飞来，好像要和直升飞机相撞。

柯尼少校担心发生空中相撞事件。为了应变，他从杰西手中抢过控制杆，紧紧地抓住，快速地摇动了一下，直升飞机一阵摇摆。接着，他又把操纵杆往下推，直升飞机开始下降，一直降到五百米。

就在这时，柯尼少校发现那个物体飞到了他们的头顶上，海利、杰西和扬纳西克也都看到了。他们发现，这个物体上面有一道红光、一道绿光和一道白光。它以很高的速度突然停了下来，接着又在直升飞机的上方慢慢地移动。它是雪茄形的，"鼻子"上一直亮着红光，顶上有绿光和闪亮。它没有声音，也没有空气扰流。

柯尼少校看了一下高度表。他大吃一惊，本来是要下降的飞机，现在竟然在一分钟内爬升了300米，达到了一千多米的高度。显然，直升飞机的

一点和一架"飞机"相撞。但机场却根本没有收到他们的报告。他们试着和克利夫兰通话，但无法接通；又不得不和柯克龙机场联系，也无结果。显然，无线电通讯设备也出了故障。柯尼少校他们很惊恐，预感到大祸将要来临；他们拼命地把直升飞机往下降，试图紧急降落。幸而这时，那个物体开始往上飞，瞬即不见了。奇怪的是，无线电通讯也在这时莫名其妙地恢复了。

自动控制系统发生了故障。他发现，那个物体越来越近了，可以相当清楚地看到它。在这个距离上，他们看到红光消失了，整个物体呈现灰色金属结构；有一些红光从灰色金属结构上折射出来。在它的中心部分是灰色的金属。

柯尼少校他们立即和纳西维尔机场联系，报告他们在一千米的高度差

了解柯尼少校等人的人都说，他们是四个"成熟、正直、诚实的人"，"简直无法想象他们会虚构出这样的故事"。而在1897年4月11日，在离芝加哥不远的一个公园里，有个叫麦肯的人拍到了一帧飞船照片。这艘飞船形状像有翼的雪茄，放出一道亮光。当时许多在街上行走和乘车的人都看见了这个"大雪茄"，70多年后柯尼少校等所见到的，看来是和这同一类型的UFO。

土耳其人拍下UFO

引言

2008年的新发现，或许真的是有价值的材料。如果录像是真实的，我们的确应当相信UFO是真实的存在而不是人们的杜撰或幻想。

2008年10月28日英国《太阳报》报道，夜间值班员亚琴·亚尔曼今年早些时候在土耳其的一个院子里拍下了一段"飞碟"视频，这一令人震惊的视频据称是"有史以来最重要的UFO影像"，画面中甚至还有外星人的模样。

42岁的亚尔曼和一些居民称，他们在伊斯坦布尔一院子附近目击到了UFO，UFO从5月至9月一直在那一地区出没。亚尔曼称："我不知道那些东西是什么，我们数次对它们进行了拍摄，我们完全不清楚它们是什么。当我看到它们时，我很激动，我想让世界知道UFO确实存在。"

视频的长度近两个半小时，画面中有各种不同的东西，有飞碟状的"飞行器"和悬浮在夜空中的灯光。这些视频被交给了土耳其西里乌斯UFO空间科学研究中心，中心对目击者进行了采访，并对视频进行了认真分析。

国际UFO研究者哈克坦·埃克多甘称："在这一令人震惊的录像画面中，人们可以清楚地看到UFO的外形和它们的金属结构。尤为重要的是，对这些物体的画面放大后，人们可以看到里面的实体。我们与所有的目击者进行了对话，对两个半小时的录像进行了仔细分析。在进行所有的分析后，我们的结论是，录像百分之百是真的。录像画面中的物体是有结构的物体，这不是出于错误辨识或者是自然现象、飞机或者太空中的物体。它们不是计算机动画的产物。现在是世界各国政府承认UFO现实的时候了。录像画面预计将对整个世界产生重大影响，它是有史以来所拍摄的最为重要的UFO影像。"

UFO数据杂志10月25日在英格兰西约克郡庞蒂弗拉克特举行的年度会议上发布了录像。英国专家也对这一录像表示认同。UFO数据杂志编辑拉塞尔·卡尔汉称："土耳其的录像如果是真的，那么它将对科学产生严肃的挑战。我可以很老实地说，录像真的很独特。"

英军事基地遇UFO

引　言

　　UFO或外星人总是对军事基地情有独钟。大概它们也会知道军事基地的功能。唯恐地球人的军事设施会对它们构成威胁，所以要先将地球上的军事基地探究明白。

　　据英国《每日快报》报道，1980年12月25日发生在英国萨福克郡兰德萨姆森林中的UFO事件，也许是除美国"罗斯维尔飞碟坠毁"事件外最神秘的一起UFO事件。英国政府更是守口如瓶。1997年，英国前首相撒切尔夫人在一个慈善会上不慎说漏了嘴！

　　据报道，1980年12月25日晚，英国萨福克郡兰德萨姆森林上空出现了奇怪的光，立即引起了军营士兵的警觉。

　　三名巡逻士兵在顺着光追过去时，震惊地看到一个小的金属飞行物正穿行在森林上空，最后它停靠在一块空地上。三人偷偷靠近后，其中一名士兵看到UFO的侧面印有奇怪的标志，仿佛埃及的象形文字。他迅速掏出笔记本将图形描绘了下来。这架

　　UFO只停留了一小会儿，就升空消失了。

　　兰德萨姆森林发现UFO的消息引起了军事基地副指挥官哈特上校的关注。尽管他抱着怀疑，但仍命令调查人员写了一份报告。第二天晚上，一名年轻的空军士兵冲进哈特的房间，结结巴巴地道："UFO，先生，UFO回来了。"

　　哈特闻言，立即带领一小组士兵冲进森林展开调查，哈特后来称，

他压根儿想不到自己真的会遇上一架UFO，从而使他自己成了英国军方历史上遭遇UFO的最高级别军官之一。据哈特称，当他们追踪那架UFO时，他们的无线通讯系统突然失灵，而用来照亮森林的电灯也突然熄灭。不过，哈特随身携带的一个录音机却仍然还能继续工作，录音机录下了哈特等人当时的惊讶和紧张情绪："我看

到它了……它又返回了，它正朝我们飞来……这太奇怪了……它看起来就像一只朝你眨眼的眼睛。"

哈特后来在一份官方报告中记录下了这起UFO事件，报告的标题是：《无法解释的光》。

1997年5月21日，当时正在研究兰德萨姆森林UFO事件的伦敦作家布鲁尼在一个慈善晚宴上和英国前首相撒切尔夫人相遇，布鲁尼想知道这位英国前首相是否清楚飞过兰德萨姆森林上空那架神秘UFO的真相时，撒切尔夫人竟然对她道："UFO？我们不能将它的真相告诉公众！"曾经在1991年到1994年担任英国国防部前"UFO计划"负责人的波普对记者道："撒切尔夫人一定知道某些说出来也许会引起公众恐慌的内幕。"

UFO编队

引 言

UFO只要存在着，就有可能以单个的形态出现，也可能以集体的编队出现。因为UFO绝对不会是一个，而可能是N个。

阿兰·特纳中校曾在英国皇家空军雷达系统服役了29年。1971年，他和战友们从军事雷达屏幕上监测到"UFO编队"。然而英国国防部在得知这一情况后，却下令严加保密。时隔37年，退役多年的特纳首次披露了这一绝对内幕。

据报道，1971年，特纳在现已被停用的英格兰多塞特郡索普雷基地服役，时任雷达班班长。当年一个晴朗的夏夜，他和战友们从军事雷达屏幕上监测到惊世骇俗的一幕：多达35个的UFO排成一队在约914米至18288米的高空做作等距离飞行，飞行时速约为483千米/小时。

每个UFO只在屏幕上闪现数秒钟便渐渐消失，取而代之的是另一个同样的UFO。以此类推。特纳回忆道："我立即意识到这不是一批军事飞机。当时能够以如此速度攀升的飞机只有'闪电'超音速战斗机，可是它们不可能保持如此完美的阵型，并且会发出巨大的噪声。可是那天晚上，没有人听到一丝动静。"

据特纳称，无独有偶，位于伦敦希思罗机场的六台军事雷达及其操作员们当时也监测到了这一神奇事件，并且将这些UFO出现的方位锁定在英格兰索尔兹波平原的东部。同年，他们将这一难以解释的奇特现象报告了上级。

英国皇家空军的首长事后绘制出这支"UFO编队"的飞行路线图，结果发现后者途经诸多英军军事要地。比如，英格兰威尔特郡的林汉姆皇家空军基地，位于赫特福德郡布鲁克曼

深讲师克拉克说:"政府过去说的都是真的。太空确实有许多稀奇古怪的东西,其中一些怪现象是我们无法用常理解释的。不过,完全没有迹象显示,我们曾被外星人侵犯。"

据《纽约时报》报道,目击者称,这些不明飞行物体(UFO)有的像雪茄,有的像飞碟,有的甚至像棺材,来得快去得也快。

英国政府说,国防部过去数十年一直对不明飞行物体进行调查和研究,是为了确保英国的军事领空没有遭到侵犯。

国防部的女发言人说,英国的军事领空"基本上从未被侵犯过"。

国防部公布了1978年至2002年的不明飞行物体存档,并把报告书上传到国防部网站上。

一些"UFO迷"曾表示,他们认为英国政府并没有公开所有的档案,蓄意隐瞒了英国早被外星人侵犯的事实。但自称是UFO研究员的麦戈纳格尔却说,政府不是隐瞒实情,而是没有进行彻底调查。

公园的飞行导航信号发射机,等等。

然而,英国国防部在接到这起神秘事件的报告后,于三天后派人视察了英国皇家空军的营地,并且随即下令所有目击者和当事人不得向外界透露此事。1984年,特纳由于在军中的出色表现,被授予大英帝国勋章。1995年,时年51岁的特纳中校从英国皇家空军光荣退役。直到那时,他也未敢对当年那起"UFO舰队"事件透露半个字。

10月,特纳作为特邀嘉宾,出席在英格兰西约克郡庞蒂弗拉克特市举行的一个名为"近距离接触"的UFO讨论会。时隔37年,退役多年的特纳终于于近日首次披露了当年那一神秘事件的绝对内幕。

谢菲尔德·哈勒姆大学新闻系资

十三个UFO

引 言

UFO是世界各地不断出现的现象，目击者个个言之凿凿，新闻媒介更是借机炒作，使读者信其为有，却很少得到当局者的认可和证实。不知当局负责人不愿声张这类事件，是为掩盖什么真相，还是有什么不可言传的苦衷？

一段时间以来，不明飞行物似乎对英国情有独钟，频繁光顾其领空。之前，英国奥里尼内航空公司的飞行员和乘客在飞越英吉利海峡时发现了一个巨大的UFO；在之后三周，即2008年6月7日该国警方的一架直升机在执行任务返航时差点与一个UFO相撞，可惜追踪了一阵后终因燃料不足跟丢；而据《每日电讯报》6月25日报道，也是在6月7日，曾经有士兵在晚上巡逻时亲眼看见十三个不明飞行物出现在天空中，并用手机将当时的情景拍摄了下来。

据悉，一共有三名士兵表示他们在军营的上空看到了UFO，他们驻扎在位于希罗普郡追顿市附近的一个兵营中，37岁的下士马克是其中之一。他说，6月7日晚上11点左右，天空中突然出现了一些"旋转的立方体"，他立刻用手机把当时的场面拍摄了下来并向上级长官汇报了此事。

马克回忆起当时的情景时称："当晚我正在值班，突然听到站在外面的其他士兵高声喊叫。我马上跑了出去一探究竟，这才发现原来是天空中出现了13个飞碟，它们看起来就像

是旋转着的立方体，五颜六色的，不过遗憾的是我只拍摄到了其中的两个，随后它们就消失了。"

马克随后立即向上级指挥官递交了一份关于目睹不明飞行物的详细报告，并将拍摄到的画面一同呈递上去，其他人在看到这个画面后也都和他一样感到难以置信。此外，还有一名19岁的小伙子也是这次事件的目击者，他表示："短短的几分钟之内就出现了大约30多道亮光，那些飞碟的位置非常高，但是速度并不是很快，它们外表呈鲜红色。另外还有一个士兵也看到了。"

英国国防部的专家们事后研究了马克使用手机拍摄的视频片段，并命令士兵们不要声张此事。该部的一名发言人透露说："国防部正在研究这次事件是否是威胁英国领空的行为或者是未经授权的军事活动。除非现在获得强有力的证据证明这是潜在的威胁，否则国防部没有必要去证明每个士兵看到的这种自然现象。"

而就在这些士兵目睹不明飞行物的当晚早些时候，该国的三名警官在执行完任务后驾驶直升机返回空军基地，途中突然发现一个奇怪的飞行物正从下方以极快的速度向他们飞来。当时直升机距离地面大约有152米，三名警官在惊险地避让开后立刻决定探个究竟，一路驾机追过了英格兰西南部和威尔士南部之间的布里斯托尔海峡。但可惜的是，由于燃油不足，他们最终失去了UFO的踪迹，不得不返回基地。

英国 "X档案"

引　言

　　英国国防部于2007年8月15日根据《信息自由法》解密了另一批高度机密的UFO研究档案，英国国防部的真实版"X档案"显示，UFO不仅真实存在，并且美国空军士兵还曾用手触摸过飞碟的外壳，一架不明飞行物还曾差点和一架波音737客机空中相撞。

飞行员却遭遇了一连串的"不明飞行物"事件，皇家空军不仅用雷达捕捉到了UFO，并且还驾驶战斗机进行追踪，一些UFO甚至被飞机摄像机拍摄了下来。英国国防部和皇家空军这才发现UFO并非仅仅是"恶作剧和错觉"。

　　1956年，英国政府制定了一条"绝密指导方针"，所有军方遭遇的

　　据英国1950年UFO事件报道，这份真实版的"X档案"曾是英国国防部的高级机密，它总共只有11份拷贝！这些档案显示，部分UFO可能是高度离子化的气体，但还有另一部分UFO现象无法得到合理解释，只能怀疑为"外星来客"！英国国防部是从1950年开始关注UFO现象的。1952年，英国首相丘吉尔对"不明飞行物"大感兴趣，他在一封信中要求空军展开调查："这些关于飞碟的玩意到底是什么东西？它意味着什么？真相到底是什么？请调查后给我递交一份报告！"空军调查后回信称，没有证据显示UFO对英国国防存在安全隐患。

　　然而1952年末，英国皇家空军

森林中，那儿距一个美国空军基地并不太远。其中一名美国军人目击者不但靠近了这架UFO，并且还用手摸到了UFO的外壳，并看到了外壳上刻着的神秘符号，它酷似埃及的象形文字。UFO飞走后，调查人员用盖氏计量仪测试发现，该地区的辐射明显超标。那架UFO第二夜再次降临，目击者包括军事基地副指挥官查尔斯·哈特中校。

英国皇家空军多名飞行员都曾遇到过"不明飞行物"。国防部绝密档案记载，1990年11月5日，英国皇家空军一架旋风战斗机飞过北部海洋上空时，遭遇了一架UFO。战斗机飞行员报告说："一架UFO显然在我们右侧，它开始加速离开。另外两架旋风战斗机也看到了它。"国防部"肯丁计划"调查报告建议说："在碰到这

UFO事件都不能向媒体和公众进行披露。1976年，英国国防部收到了200份UFO目击报告；1978年，国防部收到了750份UFO目击报告。

据英国国防部前UFO计划负责官员尼克·波普披露，1980年12月26日，一架UFO降落在了英国兰德萨姆

种情况时，飞行员不应该试图进行超越UFO的尝试。"

然而，比利时空军就没有这么"友好"了，据尼克·波普披露，1990年3月30日，比利时空军通过雷达侦测到了一个"不明飞行物"，并派出两架F-16战斗机对UFO展开追踪。战斗机用机载雷达锁定了UFO，但那架UFO却总是逃出雷达跟踪。双方展开了长达一小时多的"猫捉老鼠"游戏。

在这份绝密报告中，调查人员还提到了飞机的安全问题。在1995年1月6日的一起事故中，一架载着60名乘客的波音737客机即将抵达英国曼彻斯特机场时，差点和一个神秘出现的"不明飞行物"相撞，但在相撞前的一刻，那个"不明飞行物"以离奇的速度避了开去。

据尼克·波普披露，对于UFO事件，英国国防部内部分"怀疑派"和"信仰派"两个派别。为了避免提到UFO，调查人员不得不在内部文件中将它改称为UAP（未知航空现象）。国防部官员对460页文件经过四年的研究分析后，在一份总结文件中写道："UAP现象的存在是毫无疑问的，但没有任何证据显示它们存在敌意或处于特别的控制中。"

波普说："真实版'X档案'将向人们显示，我们政府中的一部分人曾对UFO现象多么重视。这份国防部'X档案'的解密，势必将重新点燃关于UFO的争议。"

【科学探索丛书】

◎ 出版策划　膳书堂文化

◎ 组稿编辑　张　树

◎ 责任编辑　王　珺

◎ 封面设计　膳书堂文化

◎ 图片提供　中新神图片库

　　　　　　华盖创意

　　　　　　全景视觉

　　　　　　时代图库